실전 활용도 100퍼센트

천연발효 베이킹

BAKING
LEVAIN
BREAD

홍상기 지음

BnCworld

PROLOGUE

프롤로그

제빵 교육을 하면서 가장 많이 받는 질문이 바로 천연발효종, 곧 르뱅(사워종)과 천연발효빵에 대한 부분입니다.

천연발효빵을 처음 접하면 그 단어만으로도 어렵다는 생각이 들 수 있지만 차근차근 이해하면서 배워 나가다 보면 조금 더 가깝게 다가설 수 있지 않을까 생각합니다. 기술자로 오래 지내온 저 역시도 르뱅에 대한 시작은 너무 힘들었던 기억이 납니다. 외국 서적을 통해 접근해 보려고 노력했지만 밀가루 종류부터 차이가 나다 보니 만들어 보려는 시도조차 어려웠습니다.

그래서 이번 책에서는 그 동안 경험했던 르뱅에 대한 정보와 레시피를 나눠볼까 합니다.

우선 국내에서 구할 수 있는 밀가루를 사용했고 처음 시작하는 분들의 이해를 돕기 위해 본문에 공정 사진을 많이 첨부했습니다. 그리고 여러 가지 르뱅을 만들어 보고 경험함으로써 더 다양한 천연발효빵을 만들 수 있도록 이론적인 부분까지 자세하게 적어 두었습니다.

이 책을 보는 베이커분들이 조금이나마 르뱅을 사용한 천연발효빵에 대해 이해할 수 있기를 바랍니다. 그리고 어렵다고만 생각했던 천연발효빵을 이제는 조금 더 쉽게 만들 수 있기를 기대해 봅니다.

베이킹 아카데미 4계 **홍 상 기**

CONTENTS
목 차

천연발효빵의 기초
BASIC

오토리즈 제법을 사용한 빵
AUTOLYSE

풀리시 제법을 사용한 빵
POOLISH

통밀 르뱅을 사용한 빵
WHOLE WHEAT LEVAIN

호밀 르뱅을 사용한 빵
RYE LEVAIN

100% 르뱅을 사용한 빵
PURE LEVAIN

BASIC

천연발효빵의 기초

효모

효모는 고대로부터 술, 빵 등의 발효에 이용되어온 미생물의 한 종류이다. 영어로는 이스트(yeast)라고 하며 지구상에 수만 종이 있을 것으로 추산되나 현재 알려진 것은 수천 종에 불과하다. 효모는 우리를 둘러싼 모든 자연계에 있으며 심지어 공기 중에도 존재한다. 이들 미생물이 우연한 기회에 빵 반죽 속에 들어가 발효를 일으킨 것이 발효빵의 기원으로 추정된다.

이중 제빵에 이용되는 대표적인 효모는 사카로미세스 세레비시아(Saccharomyces cerevisiae)라고 하는 둥글고 긴 타원형의 효모이다. 효모는 밀가루 반죽 속에서 당이나 단백질을 분해하여 알코올과 탄산가스를 발생시키는데, 이 탄산가스가 글루텐 조직에 둘러싸여 반죽을 팽창시키고 빵의 조직을 만들며 부산물인 알코올, 알데히드, 케톤, 유기산 등이 빵의 맛과 풍미를 결정한다.

빵을 만드는 데 쓰이는 효모는 크게 두 가지로 나눌 수 있는데 야생효모(wild yeast)를 배양한 천연효모종과 제빵 적성이 뛰어난 사카로미세스 세레비시아만을 대량 배양한 상업적 이스트가 그것이다.

[효모의 종류]

천연효모(천연발효종)
밀가루와 공기 중에 자연히 존재하는 효모를 배양해 만든다.

상업적 이스트
- 생이스트 : 이스트 배양 탱크에서 탈수, 압착한 수분 함량 70% 내외의 이스트로 풍미가 좋은 대신 냉장 보관이 필요하며 30일 이내에 사용해야 한다.
- 세미드라이이스트 : 수분 함량 25% 내외의 건조한 이스트로 2년 동안 냉동 보관해도 전체 이스트의 10%만 사멸할 정도로 냉동 내성이 뛰어나다. 사용량은 생이스트의 40%이다.

생이스트

세미드라이이스트

활성드라이이스트

인스턴트드라이이스트

- 활성드라이이스트 : 수분 함량 7% 내외의 건조한 이스트로 사용하기 전에 반드시 미지근한 물에 미리 불려 활성화시켜야 한다.
- 인스턴트드라이이스트 : 수분 함량 5% 내외의 건조한 이스트로 재료에 바로 섞어서 사용할 수 있다.

이스트와 천연발효종 비교

종류	이스트	천연발효종
효모균	단일 효모(사카로미세스 세레비시아)	복합 효모
배양 방법	빵 제조에 적합한 효모를 단순배양	밀이나 과일 등 자연에 존재하는 효모를 배양
품질의 안정성	품질이 안정되어 있고 대량 제조에 적합	품질을 안정시키기 위해서는 전문 지식과 경험이 필요
사용법	**생이스트** - 분량의 물에 풀어 사용 **드라이이스트** - 재료에 섞어 사용하거나 예비 발효 소금은 효소활성을 억제해 발효력을 떨어뜨리므로 효모와 직접적으로 섞지 않도록 주의한다.	**르뱅 뒤르 & 르뱅 리키드** 분량의 물에 풀어 사용하는 것이 다른 재료와 잘 섞여 효과적
특징	대량 생산이 가능하고 강한 발효력을 가지며 재료의 맛이 그대로 드러남	다양한 효모, 유산균 등의 미생물도 공생하므로 빵의 맛과 풍미가 깊어짐

[효모가 활동하기 좋은 온도]

효모가 활동하는 적정 온도는 4~40℃라고 한다. 4℃ 이하에서는 활동이 정지하고 45℃ 이상에서는 활동이 약해지며 60℃를 넘어가면 사멸한다. 단 효모의 종류에 따라 좋아하는 활동온도가 있다. 드라이이스트나 생이스트는 35℃, 천연발효종은 24~25℃ 정도에서 활발하게 움직인다.

LEVAIN BREAD 2

천연발효종이란

일체의 상업적 이스트를 사용하지 않고 공기 중에 떠다니는 야생 효모나 밀가루에 들어 있는 극소량의 효모, 과실 껍질에 붙어 있는 효모 등을 배양하여 만든 발효종이다. 밀가루에 물을 넣으면 밀가루 전분이 가수분해해 당이 나오는데 이 당을 먹이로 공급하면서 효모가 활성화될 수 있도록 적절한 환경을 제공해 계속 키운 다음 제빵에 알맞게 안정화 되었을 때 상업적 이스트 대신 빵 반죽에 넣어 발효를 일으키는 것을 말한다.

프랑스어로는 르뱅(levain), 혹은 르뱅 나튀렐(levain naturel)이라고 하고 미국에서는 내추럴 르뱅(natural levain), 혹은 사워도 스타터(sourdough starter), 일본에서는 자가제효모 혹은 천연효모라고 부른다.

LEVAIN BREAD 3

천연발효종 명칭의 논란

천연발효종은 '천연발효'란 말 때문에 때론 논란의 대상이 되곤 한다. 인류가 발효 빵을 먹기 시작한 건 BC 2천 년경으로 알려져 있다. 그 전까지 인류는 곡식을 갈아 물에 개어 구운 딱딱한 무발효 빵을 먹었는데 이는 이집트에서도 마찬가지였다. 그러던 어느 날 이집트인들은 우연히 시간이 지나 발효된 상태의 밀가루 반죽을 구우면 부드럽게 부풀어 오른 흰 빵을 얻을 수 있다는 것을 알게 되었다. 그들은 이를 신의 축복이라 여겼고 이 반죽의 일부를 떼어내 보관한 뒤 다음날 남은 반죽에 밀가루를 넣어 새로운 반죽을 만드는 식으로 대대손손 종계를 이어갔는데 이것이 말 그대로 천연발효종이다. 그러나 이 같은 방식으로 천연발효종을 만들어 사용하는 것은 현실적으로 큰 어려움이 따르는 일이므로 현재는 천연효모를 사람의 손으로 배양해 만든 발효종을 통상적으로 천연효모종이라고 부른다.

LEVAIN BREAD 4

천연발효종에 관한 다양한 용어들

천연발효종을 뜻하는 프랑스어 르뱅은 '부풀다'는 뜻의 라틴어 'levare'에서 유래되었다. 미국에서는 사워도 스타터, 마더, 셰프, 르뱅을 비롯해 다양한 표현이 사용된다. 사람에 따라서, 혹은 지역에 따라서 각기 다른 의미로 사용하거나 단계에 따라 용어를 구별해 쓰기도 하지만 같은 의미로 보는 것이 일반적이다. 최근에는 사워도 스타터 대신에 사워도를 르뱅과 같은 뜻으로 넓게 사용하고 있다. 우리나라와 마찬가지로 천연발효종이란 용어를 쓰는 일본에서는 르뱅과 사워도 스타터를 구분해 사용하고, 여기에 건포도 등 과실류를 먹이로 효모를 배양한 자가제조 액종을 많이 이용하는 것이 특징이다. 일본의 영향을 많이 받은 우리나라 역시 초창기에는 이처럼 과일이나 주종을 이용한 액종을 많이 사용하고 르뱅과 사워도를 구별했으나, 현재는 프랑스식 르뱅, 혹은 미국식 사워도를 같은 개념으로 보고 혼용해 사용하는 일이 늘고 있다.

천연발효종의 종류

[르뱅]

르뱅 뒤르
(levain dur)

밀가루 대비 수분량이 50~70%인 단단한 반죽 형태의 종으로 프랑스 제빵에 전통적으로 사용해왔다. 풍미, 산미, 향 등의 밸런스가 뛰어나고 빵의 노화를 늦춰 저장성이 좋아진다. 볼륨이나 발효력은 르뱅 리키드에 비해 좋으나 단단해서 다른 재료와 잘 섞이지 않고 리프레시나 발효에 시간이 오래 걸리는 단점이 있다. 또한 단단한 르뱅이 발효되면 산미가 강한 초산이 주로 생성되므로 르뱅 리키드에 비해 신맛이 많이 난다.

르뱅 리키드
(levain liquide)

밀가루 대비 수분량이 100~125%인 묽은 반죽 형태의 종으로 프랑스에서 1980년대부터 제빵에 사용했다. 르뱅 리키드 특유의 발효 향과 산미를 내고 믹싱할 때 다른 재료들과 쉽게 섞이므로 믹싱 시간이 단축되어 밀가루의 풍미가 한층 살아난다. 또한 신전성이 좋아 작업성이 향상되고 쿠프가 잘 벌어지는 등 오토리즈와 같은 효과를 낸다. 발효력은 르뱅 뒤르에 비해 떨어지기 때문에 이스트와 병행해서 사용하는 경우가 많다. 빵의 속결, 풍미, 볼륨 역시 르뱅 뒤르에 비해 상대적으로 적다. 묽은 르뱅이 발효되면 부드러운 산미의 젖산이 많이 생성되므로 르뱅 뒤르보다 신맛은 덜하다.

르뱅 뒤르와 르뱅 리키드 비교

	르뱅 뒤르	르뱅 리키드
수분량	밀가루 대비 50~70%	밀가루 대비 100~125%
발효력 & 산미 & 보관성	르뱅 뒤르 > 르뱅 리키드	
특징	풍미, 산미, 향 등의 밸런스가 뛰어나고 빵의 산화를 늦춤	밀가루의 풍미를 돋우고 신전성이 좋아 작업성이 향상됨
사용하는 빵의 종류	호밀빵, 프랑스 전통 시골빵 등 조직이 조밀하고 단단한 반죽에 사용	루스틱, 치아바타 등 수분이 많은 반죽에 주로 사용

[사워종]

호밀 사워종
(rye sourdough)

호밀가루와 물을 섞어 배양시킨 반죽에 호밀가루를 넣고 4회 이상 리프레시해서 만든다. 과일을 이용한 발효종보다 발효력이 안정적이고 강한 편이다. 호밀을 주원료로 하는 빵에 사용되며 탄력 있는 식감과 볼륨감, 부드러운 신맛과 독특한 풍미를 지닌 빵을 얻을 수 있다.

사워종의 맛을 결정짓는 유산균

사워종 특유의 맛을 결정짓는 산미는 박테리아인 유산균에 의해 좌우되며, 이 유산균이 만들어내는 젖산(=유산)과 초산(=아세트산)의 밸런스에 가장 큰 영향을 받는다. 발효 시 온도가 높거나 종(種)이 묽으면 요거트와 같은 부드러운 신맛의 젖산이 많이 생성되고 온도가 낮거나 종이 단단하면 식초와 같은 강한 신맛의 초산이 많이 생성된다. 젖산과 초산의 양이 동일하다면 초산에 의해 빵의 신맛이 강해진다. 일반적으로 좋은 향과 풍미를 내는 젖산과 초산의 황금비율은 8 : 2이다. 미국 샌프란시스코 사워도는 샌프란시스코의 차가운 기온에 의해 초산이 많이 생성되기 때문에 신맛이 많이 나고 여기에 지역적 환경이 더해지면서 특유의 신맛 나는 빵이 완성되었다.

	젖산(유산)	초산(아세트산)
발효 온도	높은 온도에서 많이 생성	낮은 온도에서 많이 생성
종(種)의 단단한 정도	묽은 종에서 많이 생성	단단한 종에서 많이 생성
역할	유해한 박테리아의 번식을 억제해 식품의 부패를 방지하고 효모를 보호해서 건강하게 만든다 젖산이 과잉되면 빵의 노화가 빨라진다	풍미를 좋게 하고 빵의 곰팡이 발생을 방지한다

통밀 사워종
(whole wheat sourdough)

통밀 사워종은 호밀 사워종보다 풍미가 은은한 편이지만 화이트 사워종보다는 산미를 띤다. 통밀 특유의 구수함과 신맛이 적당히 어우러진 것이 특징이다. 또한 쫄깃한 식감과 바삭한 크러스트를 얻을 수 있고 오븐 스프링도 좋은 편이다.

화이트 사워종
(white sourdough)

화이트 사워종은 밀가루를 주원료로 하는 빵에 사용한다. 호밀가루나 통밀가루에서 얻은 효모에 밀가루를 넣고 리프레시 과정을 반복해 화이트 사워종을 완성하기도 한다. 촉촉하고 부드러운 풍미를 내는 만큼 폭넓게 사용 가능하다.

[천연효모 액종(자가제효모)]

과실류 등을 이용한 액종으로 종을 만들기 위해 건포도, 사과, 무화과 등의 과일을 이용하는 경우가 많다. 그래서 흔히 건포도종, 사과종 등의 용어를 쓰기도 하는데 옳은 표현은 아니다. 스타터나 숙성된 반죽에 단기적으로 사용하면 효과를 볼 수 있으나 종계 과정에서 도태되기 쉬워 여러 세대에 걸쳐 이어지지는 못한다는 것이 일반적인 의견이다.

천연발효종
빵이란

엄밀한 의미에서는 상업적 이스트 대신 천연발효종만을 넣은 빵을 천연발효종 빵이라고 해야 하지만 현실적으로는 미량의 이스트를 넣는 경우가 많다. 빵의 종주국인 프랑스에서는 그 기준을 명확히 하고 있는데, 1993년 발표한 『빵의 법률(Le Décret Pain 1993)』에서 밀가루 대비 상업적 이스트를 0.2% 이하로 사용한 빵만을 천연발효빵(팽 오 르뱅)으로 인정하고 있다. 예를 들어 밀가루가 1,000g이라면 상업적 이스트는 2g을 넘지 않아야 한다.

천연발효종을
사용하는 이유

상업적 이스트를 넣은 빵의 경우는 단일 효모를 사용하기 때문에 맛이 단조로울 수 있으나 천연효모는 지역이나 환경에 따라 존재하는 다양한 야생 효모가 혼합되고 여러 박테리아 활동으로 인한 유기산 증가로 깊고 다양한 향과 맛의 빵을 만들 수 있다. 한마디로 말해 풍미가 좋다는 이야기이다. 또 소화가 잘되고 이스트 냄새가 없으며 목오름이 적은 빵을 얻을 수 있다.

발효종
(사전발효반죽)의
분류

발효종은 영어로 '미리 발효시키다'는 의미인 '프리 퍼멘츠(pre-ferments)' 라고 한다. 우리말로는 발효종 혹은 사전발효반죽이라고 하며, 효모를 이용해 미리 숙성시킨 반죽의 총칭이다. 이에 따라 분류하면 발효종은 천연발효종과 일반발효종으로 나눌 수 있고, 천연발효종이 아닌 사전발효반죽을 일반발효종이라 부른다. 일반발효종은 소량의 상업적 이스트를 넣어 미리 발효시킨 다음 본반죽에 섞어 사용하기 때문에 장시간 발효를 필요로 한다. 이스트를 다량 사용하는 스트레이트법이나 여타 단시간 제빵법에 비해 장점이 많고, 천연발효종법과 비슷한 효과를 얻을 수 있어 제빵 현장에서 많이 활용되고 있다.

[일반발효종의 장점]

가장 큰 장점은 풍미이다. 밀가루는 오랜 시간 발효시켜야 밀 고유의 풍미가 나오는데 이를 위해 필요한 게 바로 일반발효종(사전발효반죽)이다. 일반발효종 대신 상업적 이스트를 넣어 단시간에 발효시킨 빵은 이스트 냄새가 강하고 깊은 맛을 느끼기 어렵다. 하지만 이스트가 들어갔다고 해서 모두 빵의 질이 나쁘다는 뜻은 아니다. 일반발효종을 사용하면 빵의 조직을 부드럽게 하고 맛과 향이 좋으며 제품의 볼륨을 안정화시킨다. 일반발효종을 사용한 빵의 조직은 일반 빵에 비해 기공이 일정하지 않고 식감이 촉촉한 것이 특징이다. 그러나 단과자빵의 경우 효모의 먹이인 당이 많이 들어가 있어 발효시간이 짧아지므로 일반발효종에서 얻을 수 있는 장점을 골고루 얻지 못하고 오히려 단과자빵의 풍미를 잃을 수도 있다.

[일반발효종의 종류]

여기서 말하는 일반발효종은 천연효모를 배양해 사용하지 않고 상업적 이스트를 넣어 만든 사전발효반죽을 말한다. 밀가루와 물에 이스트를 소량 넣어서 발효시킨 반죽, 혹은 묵은 반죽이 종의 역할을 한다.

묵은 반죽
(pâte fermentée /
old dough)

발효된 반죽을 의미하는 묵은 반죽은 프랑스어로는 파트 페르망테, 영어로는 올드 도라고 부른다. 전날, 혹은 그 이전에 만들었던 반죽의 일부를 말하는데, 반죽의 일부를 떼어놓았다가 다음 날 새로운 빵 반죽에 넣어 이미 활성화된 효모를 이용하는 것이다. 한 번 완성된 반죽의 일부이므로 밀가루, 물, 소금, 효모의 모든 성분을 포함하고 있다. 먹이를 주며 계속 이어나가는 천연효모종과는 다른 개념의 반죽으로 냉장 상태에서 최대 48시간 내에 사용한다. 풍미가 증가하고 남은 반죽을 활용하기 때문에 경제적이라는 장점이 있다.

풀리시(poolish)

물과 밀가루를 1:1의 비율로 섞고 소량의 이스트(효모)를 넣어 만든 반죽이다. 이름에서 알 수 있듯이 폴란드 제빵법에서 유래되었다. 페이스트 상태의 반죽이므로 발효와 숙성이 빨라 2시간째부터 사용할 수 있다. 최대 24시간이 넘지 않는 범위에서 휴지, 발효시킨 후 본반죽에 넣는다. 이스트의 양은 발효 시간, 실내 온도 등을 고려해 조절한다. 소금이 들어가지 않는다는 점에 유의한다. 모든 빵에 적용 가능하며 비엔누아즈리에도 사용할 수 있다. 빵의 풍미 및 볼륨감이 좋다는 장점을 갖는다.

비가(biga)

비가는 일반적으로 치아바타 등의 이탈리아 빵에 사용되는 사전발효반죽이다. 밀가루, 물, 효모로 만드는 것은 풀리시와 같으나 물의 양이 밀가루 대비 약 50~60%이므로 풀리시보다 걸쭉한 된반죽이라고 할 수 있다. 제빵사의 취향에 따라 물의 비율을 다르게 조정할 수 있다. 된반죽이므로 효모가 충분히 활성화될 때까지 15~20℃에서 12~18시간 장시간 발효시킨다. 묵은 반죽에 비해 볼륨감은 좋지 않으나 빵의 속결이 촉촉하다. 피자나 포카치아 같은 이탈리안 스타일의 납작한 빵에 사용된다. 비가를 이용할 경우에는 본반죽에 처음부터 비가를 넣고 반죽한다.

천연발효종(르뱅)
만들기

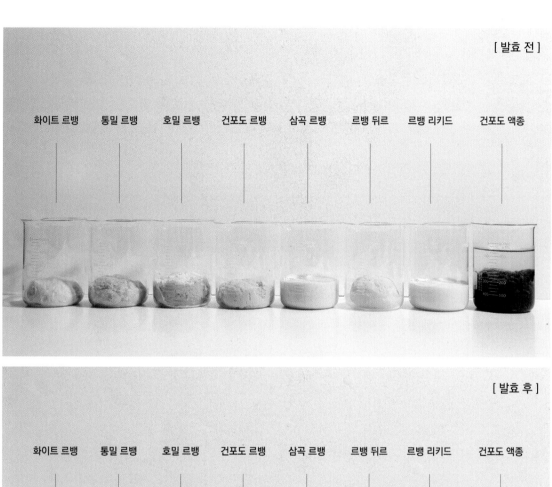

[발효 전]

화이트 르뱅 통밀 르뱅 호밀 르뱅 건포도 르뱅 삼곡 르뱅 르뱅 뒤르 르뱅 리키드 건포도 액종

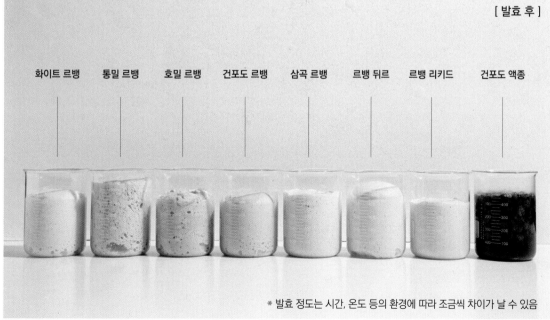

[발효 후]

화이트 르뱅 통밀 르뱅 호밀 르뱅 건포도 르뱅 삼곡 르뱅 르뱅 뒤르 르뱅 리키드 건포도 액종

＊ 발효 정도는 시간, 온도 등의 환경에 따라 조금씩 차이가 날 수 있음

화이트 르뱅 [수분 65%]

WHITE
LEVAIN

흰 밀가루로 리프레시를 하며 가장 대중적으로 폭넓게 사용하는 르뱅이다. 영양분이 많은 호밀가루나 통밀가루로 1회차 르뱅을 만들어 발효력을 높이기도 한다.

[1회차]

강력분 50g
중력분 50g
물 100g

1

깨끗한 볼에 모든 재료를 넣고 섞는다.

2

주걱으로 잘 섞은 다음 비커에 옮겨 담고 랩을 씌워 26℃ 실온에서 2배가 될 때까지 24~36시간 발효시킨다.

tip 모든 회차에 강력분, 중력분 대신 프랑스 밀가루(T55, 밀가루 100%)를 사용해도 된다. 프랑스밀가루에는 영양분이 많아 강력분, 중력분에 비해 발효 시간이 다소 짧아질 수 있다.

[발효 전]

[발효 후]

[2회차]

1회차 르뱅 100g
강력분 50g
중력분 50g
물 65g

1 물에 르뱅을 넣고 풀어준 다음 나머지 가루 재료를 넣고 주걱으로 섞어 손으로
   치대거나 소형 믹서의 저속으로 2분 정도 믹싱한다.

   tip 1회차 르뱅 중 100g을 사용하고 나머지는 버린다.

2 비커에 옮겨 담고 랩을 씌워 26℃ 실온에서 2배가 될 때까지 12~16시간 발효
   시킨다.

[3회차]

2회차 르뱅 100g
강력분 50g
중력분 50g
물 65g

1 물에 르뱅을 넣고 풀어준 다음 나머지 가루 재료를 넣고 주걱으로 섞어 손으로
   치대거나 소형 믹서의 저속으로 2분 정도 믹싱한다.

   tip 2회차 르뱅 중 100g을 사용하고 나머지는 버린다.

2 비커에 옮겨 담고 랩을 씌워 26℃ 실온에서 2배가 될 때까지 8~12시간 발효
   시킨다.

[4회차]

3회차 르뱅 100g
강력분 50g
중력분 50g
물 65g

1 물에 르뱅을 넣고 풀어준 다음 나머지 가루 재료를 넣고 주걱으로 섞어 손으로
   치대거나 소형 믹서의 저속으로 2분 정도 믹싱한다.

   tip 3회차 르뱅 중 100g을 사용하고 나머지는 버린다.

2 비커에 옮겨 담고 랩을 씌워 26℃ 실온에서 2배가 될 때까지 6~8시간 발효시킨다.

[5회차]

4회차 르뱅 200g
강력분 100g
중력분 100g
물 130g

1 물에 르뱅을 넣고 풀어준 다음 나머지 가루 재료를 넣고 주걱으로 섞어 손으로
   치대거나 소형 믹서의 저속으로 2분 정도 믹싱한다.

   tip 4회차 르뱅 중 200g을 사용하고 나머지는 버린다.

2 비커에 옮겨 담고 랩을 씌워 26℃ 실온에서 2배가 될 때까지 4~6시간 발효
   시킨다.

   tip 마지막 회차 르뱅 리프레시에서 르뱅을 제외한 밀가루 대비 물의 비율이 65%이므로
   이 르뱅은 수분 65%의 화이트 르뱅이 된다.

통밀 르뱅 수분 70%

WHOLE
WHEAT
LEVAIN

통밀가루로 리프레시를 하는 르뱅으로
화이트 르뱅에 비해 은은한 풍미, 산미가
있다. 통밀가루를 주재료로 하는 제품에
가장 잘 어울린다.

[1회차]

고운통밀가루 100g
물 100g

깨끗한 볼에 모든 재료를 넣고 섞는다.

주걱으로 잘 섞은 다음 비커에 옮겨 담고
랩을 씌워 26℃ 실온에서 2배가 될 때까
지 24~36시간 발효시킨다.

[발효 전]

[발효 후]

[2회차]

1회차 르뱅 100g
고운통밀가루 100g
물 70g

1 물에 르뱅을 넣고 풀어준 다음 통밀가루를 넣고 주걱으로 섞어 손으로 치대거나
소형 믹서의 저속으로 3분 정도 믹싱한다.

> **tip** 1회차 르뱅 중 100g을 사용하고 나머지는 버린다.

2 비커에 옮겨 담고 랩을 씌워 26℃ 실온에서 2배가 될 때까지 10~14시간
발효시킨다.

[3회차]

2회차 르뱅 100g
고운통밀가루 100g
물 70g

1 물에 르뱅을 넣고 풀어준 다음 통밀가루를 넣고 주걱으로 섞어 손으로 치대거나
소형 믹서의 저속으로 3분 정도 믹싱한다.

> **tip** 2회차 르뱅 중 100g을 사용하고 나머지는 버린다.

2 비커에 옮겨 담고 랩을 씌워 26℃ 실온에서 2배가 될 때까지 6~8시간 발효
시킨다.

[4회차]

3회차 르뱅 200g
고운통밀가루 200g
물 140g

1 물에 르뱅을 넣고 풀어준 다음 통밀가루를 넣고 주걱으로 섞어 손으로 치대거나
소형 믹서의 저속으로 3분 정도 믹싱한다.

> **tip** 3회차 르뱅 중 200g을 사용하고 나머지는 버린다.

2 비커에 옮겨 담고 랩을 씌워 26℃ 실온에서 2배가 될 때까지 4~6시간 발효
시킨다.

> **tip** 마지막 회차 르뱅 리프레시에서 르뱅을 제외한 밀가루 대비 물의 비율이 70%이므로
> 이 르뱅은 수분 70%의 통밀 르뱅이 된다.

`수분 100%`

통밀 르뱅 만들기

—

4회차 르뱅 10g
고운통밀가루 100g
물 100g

1 물에 르뱅을 넣고 풀어준 다음 통밀가루를 넣고 주걱으로 섞는다.

2 용기에 옮겨 담고 랩을 씌워 26℃ 실온에서 2배가 될 때까지
12~16시간 발효시킨다.

> **tip** 르뱅의 양을 늘리면 발효 시간은 줄어들지만 발효된 르뱅의 전체량이 늘어난다.

> **tip** 발효 환경에 따라 발효 시간은 달라질 수 있다. 완료 시점은 반죽 상태로 판단한다.

호밀 르뱅 수분 80%

RYE LEVAIN

호밀가루로 리프레시를 하는 르뱅으로
화이트 르뱅, 통밀 르뱅에 비해 독특한
풍미와 강한 산미가 있다. 호밀가루를 주
재료로 하는 제품에 가장 잘 어울린다.

[1회차]

고운호밀가루 100g
물 80g

1

깨끗한 볼에 모든 재료를 넣고 섞는다.

2

주걱으로 잘 섞은 다음 비커에 옮겨 담고
윗면에 호밀가루를 뿌린다. 랩을 씌워
26℃ 실온에서 2배가 될 때까지 24~30
시간 발효시킨다.

[발효 전]

[발효 후]

[2회차]

1회차 르뱅 100g
고운호밀가루 100g
물 80g

1 물에 르뱅을 넣고 풀어준 다음 호밀가루를 넣고 주걱으로 섞어 손으로 치대거나 소형 믹서의 저속으로 3분 정도 믹싱한다.

> **tip** 1회차 르뱅 중 100g을 사용하고 나머지는 버린다.

2 비커에 옮겨 담고 윗면에 호밀가루를 뿌린 다음 랩을 씌워 26℃ 실온에서 2배가 될 때까지 8~10시간 발효시킨다.

[3회차]

2회차 르뱅 200g
고운호밀가루 200g
물 160g

1 물에 르뱅을 넣고 풀어준 다음 호밀가루를 넣고 주걱으로 섞어 손으로 치대거나 소형 믹서의 저속으로 3분 정도 믹싱한다.

> **tip** 2회차 르뱅 중 200g을 사용하고 나머지는 버린다.

2 비커에 옮겨 담고 윗면에 호밀가루를 뿌린 다음 랩을 씌워 26℃ 실온에서 2배가 될 때까지 4~6시간 발효시킨다.

> **tip** 마지막 회차 르뱅 리프레시에서 르뱅을 제외한 밀가루 대비 물의 비율이 80%이므로 이 르뱅은 수분 80%의 호밀 르뱅이 된다.

수분 55%

호밀 르뱅 만들기

—

3회차 르뱅 10g
고운호밀가루 200g
물 110g

1 물에 르뱅을 넣고 풀어준 다음 호밀가루를 넣고 주걱으로 섞는다.

2 용기에 옮겨 담고 랩을 씌워 26℃ 실온에서 2배가 될 때까지 10시간 발효시킨다.

> **tip** 르뱅의 양을 늘리면 발효 시간은 줄어들지만 발효된 르뱅의 전체량이 늘어난다.

> **tip** 발효 환경에 따라 발효 시간은 달라질 수 있다. 완료 시점은 반죽 상태로 판단한다.

삼곡 르뱅 `수분 110%`

CEREAL LEVAIN

3종류의 곡물가루로 리프레시를 하는 르뱅으로 발효력이 뛰어나다. 바게트 등에 사용하면 구수한 맛이 나서 우리 입맛에 잘 맞는다.

[1회차]

프랑스밀가루 70g
(T55, 밀가루 100%)
고운통밀가루 20g
찰보리가루 10g
물 100g

깨끗한 볼에 모든 재료를 넣고 섞는다.

주걱으로 잘 섞은 다음 비커에 옮겨 담고 랩을 씌워 26℃ 실온에서 1.6배가 될 때까지 24~36시간 발효시킨다.

[발효 전]

[발효 후]

[2회차]

1회차 르뱅 100g
프랑스밀가루 70g
(T55, 밀가루 100%)
고운통밀가루 20g
찰보리가루 10g
물 100g

1 물에 르뱅을 넣고 풀어준 다음 나머지 가루 재료를 넣고 주걱으로 충분히 섞는다.
tip 1회차 르뱅 중 100g을 사용하고 나머지는 버린다.

2 비커에 옮겨 담고 랩을 씌워 26℃ 실온에서 1.8배가 될 때까지 12~16시간 발효시킨다.

[3회차]

2회차 르뱅 100g
프랑스밀가루 70g
(T55, 밀가루 100%)
고운통밀가루 20g
찰보리가루 10g
물 100g

1 물에 르뱅을 넣고 풀어준 다음 나머지 가루 재료를 넣고 주걱으로 충분히 섞는다.
tip 2회차 르뱅 중 100g을 사용하고 나머지는 버린다.

2 비커에 옮겨 담고 랩을 씌워 26℃ 실온에서 2배가 될 때까지 8~12시간 발효시킨다.

[4회차]

3회차 르뱅 100g
프랑스밀가루 70g
(T55, 밀가루 100%)
고운통밀가루 20g
찰보리가루 10g
물 100g

1 물에 르뱅을 넣고 풀어준 다음 나머지 가루 재료를 넣고 주걱으로 충분히 섞는다.
tip 3회차 르뱅 중 100g을 사용하고 나머지는 버린다.

2 비커에 옮겨 담고 랩을 씌워 26℃ 실온에서 2배가 될 때까지 6~8시간 발효시킨다.

[5회차]

4회차 르뱅 200g
프랑스밀가루 140g
(T55, 밀가루 100%)
고운통밀가루 40g
찰보리가루 20g
물 220g

1 물에 르뱅을 넣고 풀어준 다음 나머지 가루 재료를 넣고 주걱으로 충분히 섞는다.
tip 4회차 르뱅 중 200g을 사용하고 나머지는 버린다.

2 비커에 옮겨 담고 랩을 씌워 26℃ 실온에서 2배가 될 때까지 4~6시간 발효시킨다.
tip 마지막 회차 르뱅 리프레시에서 르뱅을 제외한 밀가루 대비 물의 비율이 110%이므로 이 르뱅은 수분 110%의 삼곡 르뱅이 된다.

건포도 액종

RAISIN LEVAIN LIQUIDE

건포도는 과일 중에서 가장 안정적인 발효력을 지닌다. 1회차 르뱅에 물 대신 사용해 리프레시를 하거나 반죽에 바로 넣어 건포도의 맛과 풍미를 더하기도 한다.

건포도 200g
물 400g
꿀 10g

1

오일 코팅이 된 건포도는 30℃의 미지근한 물로 3번 정도 가볍게 씻어 기름 성분을 제거한다.
tip 세척 시 건포도 겉면의 당분도 함께 씻겨 나가므로 꿀이나 설탕을 약간씩 보충한다.

2

소독한 유리병에 모든 재료를 담고 뚜껑을 닫는다.

3

26℃ 실온에서 하루에 한 번씩 뚜껑을 열어 새로운 공기를 공급하고 아래위로 흔들어 표면에 곰팡이가 생기는 것을 방지한다.

4

건포도가 위로 뜨고 기포가 생기면 완성된 것으로 체에 걸러 사용한다.

5

시간이 아닌 기포가 생기는 상태를 보고 완료 시점을 판단한다. 여름철보다는 겨울철이 더 오래 걸린다.

발효 전

발효되면서 건포도가
조금씩 떠오르는 상태

기포가 생기면서
발효가 완료된 상태

건포도 르뱅 수분 65%

RAISIN LEVAIN

쉽게 구할 수있고 안정적인 발효력을 지 닌 건포도를 사용한 르뱅으로 1회차에 물 대신 건포도 액종을 사용했다.

[1회차]

강력분 50g
중력분 50g
건포도 액종 100g
→ p.26 참조

1

깨끗한 볼에 모든 재료를 넣고 섞는다.

2

주걱으로 잘 섞은 다음 비커에 옮겨 담고 랩을 씌워 26℃ 실온에서 2배가 될 때까 지 24~28시간 발효시킨다.

tip 모든 회차에 강력분, 중력분 대신 프랑스 밀가루(T55, 밀가루 100%)를 사용해도 된다. 프랑스밀가루에는 영양분이 많아 강력분, 중 력분에 비해 발효 시간이 다소 짧아질 수 있다.

[발효 전]

[발효 후]

[2회차]

1회차 르뱅 100g
강력분 50g
중력분 50g
물 65g

1 물에 르뱅을 넣고 풀어준 다음 나머지 가루 재료를 넣고 주걱으로 충분히 섞거나 소형 믹서의 저속으로 3분 정도 믹싱한다.

> **tip** 1회차 르뱅 중 100g을 사용하고 나머지는 버린다.

2 비커에 옮겨 담고 랩을 씌워 26℃ 실온에서 2배가 될 때까지 10~12시간 발효시킨다.

[3회차]

1회차 르뱅 100g
강력분 50g
중력분 50g
물 65g

1 물에 르뱅을 넣고 풀어준 다음 나머지 가루 재료를 넣고 주걱으로 충분히 섞거나 소형 믹서의 저속으로 3분 정도 믹싱한다.

> **tip** 2회차 르뱅 중 100g을 사용하고 나머지는 버린다.

2 비커에 옮겨 담고 랩을 씌워 26℃ 실온에서 2배가 될 때까지 6~8시간 발효시킨다.

[4회차]

3회차 르뱅 200g
강력분 100g
중력분 100g
물 130g

1 물에 르뱅을 넣고 풀어준 다음 나머지 가루 재료를 넣고 주걱으로 충분히 섞거나 소형 믹서의 저속으로 3분 정도 믹싱한다.

> **tip** 3회차 르뱅 중 200g을 사용하고 나머지는 버린다.

2 비커에 옮겨 담고 랩을 씌워 26℃ 실온에서 2배가 될 때까지 4~6시간 발효시킨다.

> **tip** 마지막 회차 르뱅 리프레시에서 르뱅을 제외한 밀가루 대비 물의 비율이 65%이므로 이 르뱅은 수분 65%의 건포도 르뱅이 된다.

르뱅 뒤르 [수분 50%]

LEVAIN DUR

단단한 반죽 형태의 종으로 산미와 풍미가 뛰어나다. 조직이 조밀하고 단단한 반죽에 주로 사용한다. 여기서는 1회차에서 물 대신 건포도 액종을 넣어 발효의 안정성을 더했다.

[1회차]

강력분 50g
중력분 50g
건포도 액종 100g
→ p.26 참조

1

깨끗한 볼에 모든 재료를 넣고 섞는다(반죽 온도 26℃).

2

주걱으로 잘 섞은 다음 비커에 옮겨 담고 랩을 씌워 26℃ 실온에서 2배가 될 때까지 24~48시간 발효시킨다.

tip 모든 회차에 강력분, 중력분 대신 프랑스 밀가루(T55, 밀가루 100%)를 사용해도 된다. 프랑스밀가루에는 영양분이 많아 강력분, 중력분에 비해 발효 시간이 다소 짧아질 수 있다.

[발효 전]

[발효 후]

[2회차]

1회차 르뱅 100g
강력분 50g
중력분 50g
물 65g

1 물에 르뱅을 넣고 풀어준 다음 나머지 가루 재료를 넣고 주걱으로 충분히 섞거나 소형 믹서의 저속으로 2분 정도 믹싱한다.

   tip 1회차 르뱅 중 100g을 사용하고 나머지는 버린다.

2 비커에 옮겨 담고 랩을 씌워 26℃ 실온에서 2배가 될 때까지 12~16시간 발효시킨다.

[3회차]

2회차 르뱅 100g
강력분 50g
중력분 50g
물 65g

1 물에 르뱅을 넣고 풀어준 다음 나머지 가루 재료를 넣고 주걱으로 충분히 섞거나 소형 믹서의 저속으로 2분 정도 믹싱한다.

   tip 2회차 르뱅 중 100g을 사용하고 나머지는 버린다.

2 비커에 옮겨 담고 랩을 씌워 26℃ 실온에서 2배가 될 때까지 8~12시간 발효시킨다.

[4회차]

4회차 르뱅 200g
강력분 200g
물 100g

1 믹서볼에 모든 재료를 넣고 저속 3분, 중속 2분 동안 믹싱한다.

   tip 3회차 르뱅 중 200g을 사용하고 나머지는 버린다.

2 비커에 옮겨 담고 랩을 반죽 표면에 밀착시켜 씌운 다음 26℃ 실온에서 2배가 될 때까지 6~8시간 발효시킨다.

[5회차]

4회차 르뱅 200g
강력분 200g
물 100g

1 믹서볼에 모든 재료를 넣고 저속 3분, 중속 2분 동안 믹싱한다.

   tip 4회차 르뱅 중 200g을 사용하고 나머지는 버린다.

2 비커에 옮겨 담고 랩을 반죽 표면에 밀착시켜 씌운 다음 26℃ 실온에서 2배가 될 때까지 5~6시간 발효시킨다.

   tip 마지막 회차 르뱅 리프레시에서 르뱅을 제외한 밀가루 대비 물을 비율이 50%이므로 이 르뱅은 수분 50%의 르뱅 뒤르가 된다.

르뱅 리키드 수분 100%

LEVAIN LIQUIDE

묽은 반죽 형태의 종으로 발효력이 약해 대부분 이스트와 병행해서 사용한다. 부드럽고 은은한 풍미와 신맛이 특징이다.

[1회차]

고운호밀가루 100g
물 100g

깨끗한 볼에 모든 재료를 넣고 섞는다(반죽 온도 26℃).

주걱으로 잘 섞은 다음 비커에 옮겨 담고 랩을 씌워 26℃ 실온에서 2배가 될 때까지 28시간 발효시킨다. 실내 온도에 따라 달라지지만 보통 하루 이상 소요된다.

tip 1회차에 영양분이 많은 호밀가루를 사용하면 다음 회차 발효력이 안정된다.

[2회차]

1회차 르뱅 100g
강력분 50g
중력분 50g
물 100g

1 물에 르뱅을 넣고 풀어준 다음 나머지 가루 재료를 넣고 주걱으로 충분히 섞는다.

   tip 1회차 르뱅 중 100g을 사용하고 나머지는 버린다.

2 비커에 옮겨 담고 랩을 씌워 26℃ 실온에서 18시간 발효시킨다.

[3회차]

2회차 르뱅 100g
강력분 50g
중력분 50g
물 100g

1 물에 르뱅을 넣고 풀어준 다음 나머지 가루 재료를 넣고 주걱으로 충분히 섞는다.

   tip 2회차 르뱅 중 100g을 사용하고 나머지는 버린다.

2 비커에 옮겨 담고 랩을 씌워 26℃ 실온에서 16시간 발효시킨다.

[4회차]

3회차 르뱅 100g
강력분 50g
중력분 50g
물 100g

1 물에 르뱅을 넣고 풀어준 다음 나머지 가루 재료를 넣고 주걱으로 충분히 섞는다.

   tip 3회차 르뱅 중 100g을 사용하고 나머지는 버린다.

2 비커에 옮겨 담고 랩을 씌워 26℃ 실온에서 10시간 발효시킨다.

[5회차]

4회차 르뱅 100g
강력분 50g
중력분 50g
물 100g

1 물에 르뱅을 넣고 풀어준 다음 나머지 가루 재료를 넣고 주걱으로 충분히 섞는다.

tip 4회차 르뱅 중 100g을 사용하고 나머지는 버린다.

2 비커에 옮겨 담고 랩을 씌워 26℃ 실온에서 6시간 발효시킨 다음 사용한다.

tip 2~5회차의 강력분, 중력분 대신 프랑스밀가루(T55, 밀가루 100%)를 사용해도 된다. 프랑스밀가루에는 영양분이 많아 강력분, 중력분에 비해 발효 시간이 다소 짧아질 수 있다.

tip 6회차부터는 5회차 공정을 반복한다. 이때부터 활성이 빠르기 때문에 물의 온도를 적당히 맞춰 르뱅의 온도가 25℃가 되게 하고 재료를 잘 섞은 다음 실온에서 기포가 발생하면 냉장 보관한다.

tip 계절과 실내 온도에 따라 시간은 달라질 수 있다.

tip 마지막 회차 르뱅 리프레시에서 르뱅을 제외한 밀가루 대비 물의 비율이 100%이므로 이 르뱅은 수분 100%의 르뱅 리키드가 된다.

[5회차 발효 전]

[5회차 발효 후]

천연발효종(르뱅) 변환하기

아래와 같은 방법을 사용하면 한 가지 르뱅을 여러 가지 르뱅으로 쉽게 전환할 수 있다. 르뱅 완성에 소요되는 시간은 실내 온도에 따라 달라지므로 각자의 환경에 맞게 상태를 관찰해서 판단해야 한다. 여기서는 발효력이 뛰어난 호밀 르뱅을 사용했지만 다른 르뱅으로도 가능하다.

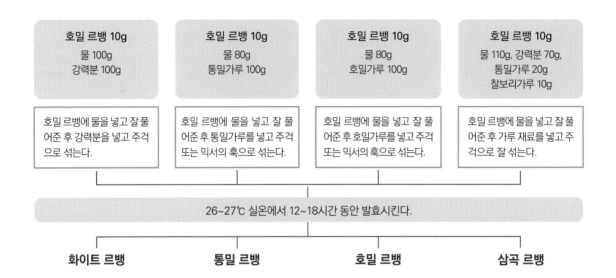

호밀 르뱅 10g	호밀 르뱅 10g	호밀 르뱅 10g	호밀 르뱅 10g
물 100g 강력분 100g	물 80g 통밀가루 100g	물 80g 호밀가루 100g	물 110g, 강력분 70g, 통밀가루 20g 찰보리가루 10g
호밀 르뱅에 물을 넣고 잘 풀어준 후 강력분을 넣고 주걱으로 섞는다.	호밀 르뱅에 물을 넣고 잘 풀어준 후 통밀가루를 넣고 주걱 또는 믹서의 훅으로 섞는다.	호밀 르뱅에 물을 넣고 잘 풀어준 후 호밀가루를 넣고 주걱 또는 믹서의 훅으로 섞는다.	호밀 르뱅에 물을 넣고 잘 풀어준 후 가루 재료를 넣고 주걱으로 잘 섞는다.

26~27℃ 실온에서 12~18시간 동안 발효시킨다.

화이트 르뱅	통밀 르뱅	호밀 르뱅	삼곡 르뱅

천연발효종(르뱅)의 냉장 보관 타이밍

르뱅 리프레시에서 실온 발효 후 냉장고에서 100% 발효시킬 경우, 르뱅의 양에 따라 반죽의 차가워지는 속도가 다르기 때문에 냉장고에 넣는 타이밍도 달라진다. 예를 들어 100% 발효에 4시간이 소요되는 2배(르뱅:밀가루=1:2의 비율) 르뱅 100g, 300g, 500g, 1,000g을 각각 같은 크기의 비커에 담았다고 가정했을 때 냉장고에 넣는 타이밍은 아래와 같이 차이가 나므로 르뱅의 양, 부피, 상태 등을 함께 확인하며 발효시키는 것이 중요하다.

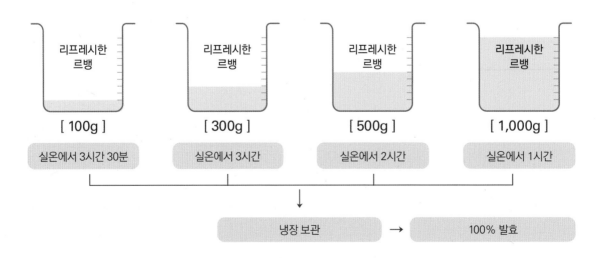

리프레시한 르뱅	리프레시한 르뱅	리프레시한 르뱅	리프레시한 르뱅
[100g]	[300g]	[500g]	[1,000g]
실온에서 3시간 30분	실온에서 3시간	실온에서 2시간	실온에서 1시간

냉장 보관 → 100% 발효

천연발효종(르뱅)의
중요 포인트

POINT 01 **천연발효종이 만능은 아니다**

천연발효종은 모든 빵에 적용할 수 있으나 천연발효종을 사용한다고 해서 모든 빵이 맛있어지는 것은 아니다. 소프트계열 빵, 비엔누아즈리, 단과자빵 등 버터, 달걀, 설탕 등 풍미가 강한 재료가 들어가는 빵은 천연발효종 특유의 깊은 향과 맛이 가려지므로 굳이 사용할 필요가 없다. 비교적 재료가 단순하고 발효 시간이 길어 천연발효종을 사용했을 때 장점이 잘 드러나는 하드계열 빵이 가장 적합하다. 또한 잘못 배양된 천연발효종을 사용할 경우 오히려 역효과를 낼 수도 있다.

POINT 02 **천연발효종과 이스트를 혼용하면 효과가 배가된다**

천연발효종만으로 만드는 빵은 맛과 풍미는 좋을 수 있으나 발효 시간이 오래 걸리는 단점이 있다. 천연발효종과 이스트를 함께 사용하면 천연발효종만 사용할 때보다 발효 시간을 단축시킬 수 있고 맛과 풍미 역시 개선된다. 대신 르뱅과 이스트의 양, 발효 온도, 발효 시간의 조절이 필요하다. 프랑스 현행 제빵법상으로는 밀가루 1,000g당 최대 2g의 이스트를 사용한 것만을 천연발효빵으로 부를 수 있지만 이 책에서는 제품에 따라 이스트의 양을 조절해 맛에는 큰 영향을 주지 않으면서 발효 시간을 단축해 작업의 효율성을 높였다.

POINT 03 천연발효빵에 과일 향 내기

천연발효종은 물, 밀가루 등을 넣고 반죽하는 과정인 리프레시(종계)를 거치면서
효모균은 증가하고 발효력은 안정되어 간다. 그런데 이 리프레시를 두 번만 거쳐
도 종 본래의 맛을 잃어버리기 때문에 어떤 발효종을 사용했는가는 크게 중요하
지 않다. 과일 발효종을 사용했다고 해서 빵에 과일 향이 나는 것은 아니라는 얘
기다. 빵에 과일 특유의 향을 내고 싶다면 반죽에 과일로 만든 발효종을 넣기보
다 과일로 만든 액체 상태의 효모를 섞어 반죽할 것을 추천한다. 통밀 건포도 캉
파뉴(p.164)의 경우 통밀 르뱅 이외에 건포도 액종을 첨가해 건포도의 맛과 향을
더했다.

POINT 04 르뱅을 어떤 용기에 넣어 발효시키냐에 따라 힘과 시간, 발효되는
정도가 다르다

• 좁고 깊은 용기에 넣어 발효시키면 르뱅의 힘과 발효력이 좋아져서 반죽에 넣었
  을 때 결과적으로 반죽을 더 잘 부풀릴 수 있는 좋은 상태가 된다.

• 넓은 용기에 넣어 발효시키면 공기에 닿는 부분이 넓어져 표면이 잘 마른다. 또한
  넓은 면적 때문에 발효력과 반죽의 힘도 약해진다. 아주 양이 많은 경우가 아니라
  면 피하는 것이 좋다.

POINT 05 밀가루 종류에 따라 발효 시간이 달라진다. 즉, 어떤 밀을 선택하느냐에
따라 정확한 발효 시간을 예측할 수 있다

예) 전일 르뱅 200g에 각각의 밀가루 200g, 물 200g으로 같은 시간 동안 리프
  레시를 했을 경우

> ＊ 호밀 > 통밀 > 삼곡 > 흰밀가루 순으로 발효되며 밀가루의 영양분에 따라 효모의
> 발효력에 차이가 있다.

POINT 06 르뱅의 풍미

• 르뱅의 풍미는 어떤 밀가루로 리프레시 하는가로 대부분 정해지기 때문에 자신이
  원하는 맛을 찾을 때까지 여러 종류의 밀을 사용해 테스트하는 것이 중요하다.

• 일정한 온도에서 발효를 한다면 더 안정적인 맛과 향을 얻을 수 있는데 이론적
  으로는 16~18℃ 정도가 적당하다. 하지만 현실적으로 일반 냉장고에서는 불가
  능하기 때문에 상온 발효와 냉장 2~3℃에서의 보관이 가장 보편적인 방법으로
  이런 발효의 방법에 따라서도 르뱅의 맛과 풍미는 달라지게 된다. 많은 경험과
  노력을 통해 자신의 환경에서 알맞은 방법을 찾아가는 것이 가장 중요한 일이
  라고 생각한다.

천연발효종(르뱅)의 필수 재료, 밀가루

빵 만들기에서 가장 큰 비중을 차지하는 것이 바로 밀가루이다. 르뱅 역시 어떤 밀가루로 만드느냐에 따라 종류, 맛과 향, 쓰임새가 달라진다. 맛있는 천연발효빵을 만들기 위해서는 밀가루에 대한 폭넓은 지식을 습득하고 반복적인 경험을 통해 만들고자 하는 제품에 적합한 밀가루를 선택하는 것이 무엇보다 중요하다.

[이 책에서 사용한 밀가루]

1 프랑스밀가루 T55
La farine du chef T55(수입사_선인) 밀가루로 개량제 첨가 없는 밀가루 100%로 구성되어 있다. 회분 함량이 높은 편이며 부드럽고 은은한 맛과 향을 낸다.

2 프랑스밀가루 T55(영양강화)
T55 영양강화 밀가루로 Eiffel tower T55(수입사_베이크플러스)이다. 밀 글루텐, 비타민C, 효소 등의 성분들이 첨가되어 있으며 빵과 과자를 모두 만들 수 있는 다목적 밀가루로 빵 껍질이 질기지 않게 완성된다.

3 프랑스밀가루 T65
Campaillette des champs T65(수입사_베이크플러스)로 T55에 비해 회분 함량이 높으며 더 짙은 색을 띤다. 밀 글루텐, 비타민C, 효소 등의 성분들이 첨가되어 있으며 첨가 성분은 반죽의 탄력성과 수분 보유력을 증가시키는 역할을 한다.

4 강력분
국내에서 제분한 코끼리 강력밀가루(대한제분, 제빵용)로 다른 종류의 강력분을 사용할 경우 수분을 조금 줄여야 한다.

5 초강력분
본문에서 사용한 초강력분은 로저스 실버스타(수입사_프레롱)의 제품으로 캐나다에서 생산하는 적색 경질의 봄밀을 제분해 만들었으며 수분과 단백질 함량이 높다. 밀가루의 힘이 좋은 만큼 수분을 충분히 추가하면 포카치나, 치아바타 등의 제품 제조에도 적합하다.

6 고운호밀가루

고운호밀가루는 Type997(수입사_베이크플러스)을 사용했으며 독일에서 생산된 밝고 껍질이 적은 호밀빵 전용 제품이다.

7 다크호밀가루

로저스 호밀가루(수입사_프레롱)를 사용했으며 입자가 거칠고 호밀 향이 강한 편이다. 로저스 호밀가루는 단백질 7.8~9.2, 수분율 10.8~12, 회분 1.51~1.58, 밥스 다크호밀가루는 단백질 10~13%, 회분 1.4%로 구성되어 있다. 시중에서 쉽게 구할 수 있는 밥스레드밀로 사용 가능하다.

8 고운통밀가루

로저스 파인 통밀가루(수입사_프레롱)를 사용했다. 곱게 제분한 통밀가루로 단백질 14.8±1.5, 수분율 14.5, 회분 0.68±0.5로 구성되어 있다. 입자가 고와 수분과 잘 섞인다. 시중에서 쉽게 구할 수 있는 밥스레드밀로 사용 가능하다.

9 거친통밀가루

본문에서는 로저스 콜스 통밀가루(수입사_프레롱)를 사용했다. 거칠게 제분한 통밀가루로 단백질 14.8±1.5, 수분율 14.5, 회분 0.68±0.5로 구성되어 있다.

10 영양강화밀가루

로저스 바게트용 프랑스빵 밀가루(수입사_프레롱)를 사용했다. 단백질 12.2±1.0, 수분율 13.0~14.0, 회분 0.49~0.55로 구성되어 있으며 제빵용 밀가루와 쿠키용 밀가루를 혼합, 제분했고 구수한 맛이 나는 것이 특징이다.

11 찰보리가루

찰보리가루 100%의 국내산 제품을 구입하면 된다. 삼곡 르뱅에 사용한다.

본문에서 사용한 밀가루의 종류와 특징

밀가루 종류	밀 원산지	단백질	회분	적용
국내 제분 강력분	캐나다, 미국 등	12~12.6%	0.26~0.30%	부드러운 빵
프랑스밀가루 T55	프랑스	11%	0.55%	바게트, 크루아상
프랑스밀가루 T65	프랑스	10.6~11.6%	0.62~0.75%	바게트, 캉파뉴
캐나다산 초강력분	캐나다	12.8~13.4%	0.44%	캉파뉴, 포카치아

거친통밀가루

찰보리가루

프랑스밀가루 T65

고운통밀가루

프랑스밀가루 T55(영양강화)

다크호밀가루

초강력분

프랑스밀가루 T55

고운호밀가루

강력분

AUTOLYSE

오 토 리 즈 제 법을 사 용 한 빵

오토리즈는 본반죽 전에 먼저 밀가루와 수분 전량을 섞어 수화시키는 과정이다. 이 과정을 거치면 본반죽의 믹싱 시간이 짧아지

반죽의 산화가 덜 일어나고 밀가루 고유의 풍미도 유지할 수 있다. 충분한 수화로 인해 반죽의 탄력이 높아져 오븐에서의

팽창력(오븐 스프링), 빵의 볼륨감도 좋아진다. 천연발효종과 오토리즈의 결합은 오토리즈의 장점을 살리는 동시에 이스트의

양을 줄이고 1, 2차 발효 시간을 단축시키는 효과가 있다. 글루텐 함량이 낮은 호밀가루 등을 사용하는 제품 이외에는 대부분의

제품에 적용이 가능하다.

프랑스 전통 바게트
TRADITIONAL FRENCH BAGUETTE

재료 [6개 분량]

[오토리즈 반죽]

프랑스밀가루 1,000g
(T55, 밀 100%)
물 680g

[본반죽]

오토리즈 반죽 전량
르뱅 리키드(수분 100%) 200g
→ p.32 참조
생이스트 2g
소금 19g

주요 공정	

[오토리즈 반죽]

믹싱	저속 2분 / 반죽 온도 20~21℃
휴지	실온 또는 냉장 30분

[본반죽]

믹싱	저속 2분 → 소금 투입 → 중속 4분 / 반죽 온도 24~25℃
1차 발효	온도 26~27℃, 습도 70~80% 발효실에서 120분 → 폴딩 → 50분
분할	315g
중간 발효	실온 25분
성형	막대형
2차 발효	온도 26℃, 습도 70~80% 발효실 또는 26℃ 실온에서 50분
굽기	**데크오븐** 윗불 250℃, 아랫불 210℃에서 스팀 주입 후 25분 **컨벡션오븐** 250℃에서 스팀 주입 후 220℃로 낮춰 23~25분

1

믹서볼에 밀가루와 물을 넣는다.

2

저속으로 2분 동안 믹싱(반죽 온도 20~
21℃)하고 랩을 씌운 다음 실온 또는 냉
장고에서 30분 동안 휴지시킨다.

tip

오토리즈 휴지 전의 반죽 상태

본반죽 믹싱

tip

오토리즈 휴지 후의 반죽 상태. 반죽이
이완되어 잘 늘어난다.

1

믹싱볼에 오토리즈 반죽, 르뱅, 생이스트
를 넣는다.

2

저속으로 2분 동안 믹싱한 다음 소금을
넣고 다시 중속으로 4분 동안 믹싱한다
(반죽 온도 24~25℃).

26~27℃ 발효실에서 120분 동안 발효
시킨다.

tip 발효실이 없다면 26℃ 실온에서도 발효가
가능하다.

아래위, 양옆을 가운데로 접으면서 4면
을 폴딩한다.

다시 50분 동안 더 발효시킨다.

분할

315g씩 6개로 분할한다.

반죽의 오른쪽 귀퉁이를 가운데로 모아
접는다.

반죽의 왼쪽 귀퉁이를 가운데로 모아 접
는다.

오토리즈 제법을 사용한 빵 45

9

아래에서 위로 접는다.

10

다시 같은 방향으로 한 번 더 접으면서 타원형으로 예비 성형한다.

11

실온에서 25분 동안 중간 발효시킨다.

성형

12

반죽을 아래에서 위로 가운데로 모아 접는다.

13

반죽을 다시 위에서 아래로 가운데로 모아 접은 다음 반죽의 양끝을 적당한 길이로 늘인다.

14

손바닥을 이용해 한쪽 끝에서부터 접는다.

15

이음매를 잘 봉하면서 길이 50cm 정도로 늘인다.

16

손바닥으로 반죽 양끝을 굴리면서 끝이 뾰족한 바게트 모양으로 성형한다.

17

캔버스 천에 올려 온도 26℃, 습도 70~80%의 발효실 또는 26℃ 실온에서 비닐을 덮고 50분 동안 발효시킨다.

굽기

tip

2차 발효가 완료된 반죽

18

반죽을 베이킹 시트를 깐 철판에 간격을 두고 올린 다음 표면에 프랑스밀가루 (T55, 분량 외)를 뿌린다.

19

5개의 칼집을 넣은 다음 윗불 250℃, 아랫불 210℃ 데크오븐에 반죽을 넣고 스팀 2초 주입 후 25분 또는 250℃ 컨벡션 오븐에 반죽을 넣고 스팀 2초 주입 후 220℃로 낮춰 23~25분 동안 굽는다.

바타르
BÂTARD

재료 [5개 분량]	주요 공정

[오토리즈 반죽]

프랑스밀가루 1,000g
(T55, 밀 100%)
물 670g

[본반죽]

오토리즈 반죽 전량
르뱅 리키드(수분 100%) 200g
→ p.32 참조
생이스트 3g
소금 19g
치아시드 20g

[오토리즈 반죽]

믹싱	저속 2분 / 반죽 온도 20~21℃
휴지	실온 또는 냉장 30분

[본반죽]

믹싱	저속 2분 → 소금 투입 → 중속 4분 → 치아시드 투입 / 반죽 온도 24~25℃
1차 발효	온도 26~27℃, 습도 70~80% 발효실에서 110분 → 폴딩 → 50분
분할	380g
중간 발효	실온 25분
성형	캉파뉴 모양
2차 발효	온도 26~27℃, 습도 70~80% 발효실 또는 26℃ 실온에서 60분
굽기	**데크오븐** 윗불 250℃, 아랫불 210℃에서 스팀 주입 후 28분 **컨벡션오븐** 250℃에서 스팀 주입 후 220℃로 낮춰 25~30분

1

믹서볼에 밀가루와 물을 넣는다.

2

저속으로 2분 동안 믹싱(반죽 온도 20~21℃)하고 랩을 씌운 다음 실온 또는 냉장고에서 30분 동안 휴지시킨다.

tip

오토리즈 휴지 전의 반죽 상태

tip

오토리즈 휴지 후의 반죽 상태. 반죽이 이완되어 잘 늘어난다.

1

믹싱 전, 치아시드는 물(분량 외) 10g을 붓고 섞어 10분 동안 미리 불린다.

2

믹서볼에 오토리즈 반죽, 르뱅, 생이스트를 넣고 저속 2분, 소금 투입, 중속 4분 동안 믹싱한 다음 치아시드를 넣고 섞는다(반죽 온도 24~25℃).

온도 26~27℃, 습도 70~80% 발효실에서 110분 동안 발효시킨다.

반죽 위를 가운데로 접으면서 폴딩한다.

반죽 아래를 가운데로 접으면서 폴딩한다.

분할

반죽통을 90도로 돌려 반죽 위를 가운데로 접으면서 폴딩한다.

반죽 아래를 가운데로 접으면서 폴딩하고 다시 50분 동안 발효시킨다.

380g씩 5개로 분할한다.

9

두 손으로 반죽 표면을 매끈하게 만들면서 둥글린다.

10

실온에서 25분 동안 중간 발효시킨다.

11

반죽의 오른쪽 귀퉁이를 가운데로 모아 접는다.

12

반죽의 왼쪽 귀퉁이를 가운데로 모아 접는다.

13

위에서 아래로 접는다.

14

다시 왼쪽 위 귀퉁이를 가운데로 모아 접는다.

15
오른쪽 위 귀퉁이를 가운데로 모아 접는다.

16
위에서 아래로 두 번 연속으로 접으면서 캉파뉴 모양으로 성형한다.

17
캔버스 천에 이음매가 바닥을 향하도록 올리고 온도 26~27℃, 습도 70~80% 발효실 또는 26℃ 실온에서 비닐을 덮고 60분 동안 2차 발효시킨다.

굽기

2차 발효가 완료된 반죽

18
반죽을 베이킹 시트 위에 간격을 두고 올린 다음 표면에 프랑스밀가루(T55, 분량 외)를 뿌린다.

19
표면에 일자로 칼집을 넣은 다음 윗불 250℃, 아랫불 210℃ 데크오븐에 반죽을 넣고 스팀 2초 주입 후 28분 또는 250℃ 컨벡션오븐에 반죽을 넣고 스팀 2초 주입 후 220℃로 낮춰 25~30분 동안 굽는다.

AUTOLYSE
오토리즈 제법을 사용한 빵

캉파뉴 바게트
BAGUETTE DE CAMPAGNE

재료 [6개 분량]	주요 공정

[오토리즈 반죽]

프랑스밀가루 500g
(T55, 밀 100%)
강력분 400g
다크호밀가루 100g
물 680g

[본반죽]

오토리즈 반죽 전량
르뱅 리키드(수분 100%) 200g
→ p.32 참조
생이스트 5g
소금 19g

[오토리즈 반죽]

믹싱	저속 2분 / 반죽 온도 20~21℃
휴지	실온 또는 냉장 30분

[본반죽]

믹싱	저속 2분 → 소금 투입 → 중속 4분 / 반죽 온도 24~25℃
1차 발효	온도 26~27℃, 습도 70~80% 발효실에서 120분 → 폴딩 → 50분
분할	315g
중간 발효	실온 25분
성형	막대형
2차 발효	온도 27~28℃, 습도 70~80% 발효실 또는 27℃ 실온에서 50분
굽기	**데크오븐** 윗불 250℃, 아랫불 210℃에서 스팀 주입 후 25분 **컨벡션오븐** 250℃에서 스팀 주입 후 220℃로 낮춰 23~25분

1

밀서볼에 밀가루와 물을 넣는다.

2

저속으로 2분 동안 믹싱(반죽 온도 20~21℃)하고 랩을 씌운 다음 실온 또는 냉장고에서 30분 동안 휴지시킨다.

tip

오토리즈 휴지 전의 반죽 상태

본반죽 믹싱

tip

오토리즈 휴지 후의 반죽 상태. 반죽이 이완되어 잘 늘어난다.

1

밀서볼에 오토리즈 반죽, 르뱅, 생이스트를 넣는다.

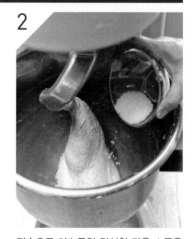
2

저속으로 2분 동안 믹싱한 다음 소금을 넣고 다시 중속으로 4분 동안 믹싱한다(반죽 온도 24~25℃).

온도 26~27℃, 습도 70~80% 발효실에서 120분 동안 발효시킨다.

반죽의 아래위를 가운데로 접으면서 폴딩한다.

반죽통을 90도로 돌려 반죽의 아래위를 가운데로 접으면서 폴딩한다.

분할

다시 50분 동안 발효시킨다.

315g씩 6개로 분할한다.

반죽을 앞으로 당기면서 표면을 매끈하게 만든다.

9

반죽을 뒤로 밀면서 타원형으로 예비 성형한다.

10

실온에서 25분 동안 중간 발효시킨다.

11

반죽을 손바닥으로 가볍게 눌러 편 다음 위에서 아래로 반을 접는다.

12

다시 같은 방향으로 한 번 더 접는다.

13

이음매를 잘 다듬으면서 표면을 매끈하게 만든다.

14

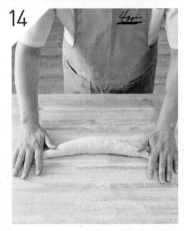

양손으로 반죽을 굴리면서 60㎝ 길이의 끝이 뾰족한 바게트 모양으로 성형한다.

15

캔버스 천에 이음매가 바닥을 향하도록 올리고 온도 27~28℃, 습도 70~80% 발효실 또는 27℃ 실온에서 비닐을 덮고 50분 동안 2차 발효시킨다.

tip

2차 발효가 완료된 반죽

16

반죽을 베이킹 시트 위에 간격을 두고 올린다.

17

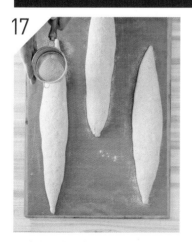

표면에 프랑스밀가루(T55, 분량 외)를 뿌린다.

18

표면에 일자로 칼집을 넣는다.

19

윗불 250℃, 아랫불 210℃ 데크오븐에 반죽을 넣고 스팀 2초 주입 후 25분 또는 250℃ 컨벡션오븐에 반죽을 넣고 스팀 2초 주입 후 220℃로 낮춰 23~25분 동안 굽는다.

타바티에르
TABATIÈRE

재료 [7개 분량]	주요 공정

[오토리즈 반죽]

프랑스밀가루 500g
(T55, 밀 100%)
프랑스밀가루(T65) 500g
물 670g

[본반죽]

오토리즈 반죽 전량
삼곡 르뱅(수분 110%) 200g
→ p.24 참조
생이스트 8g
소금 19g

[오토리즈 반죽]

믹싱	저속 2분 / 반죽 온도 20~21℃
휴지	실온 또는 냉장 30분

[본반죽]

믹싱	저속 2분 → 소금 투입 → 중속 4분 / 반죽 온도 24~25℃
1차 발효	온도 26℃, 습도 70~80% 발효실에서 80분 → 폴딩 → 50분
분할	270g
중간 발효	실온 20분
성형	담뱃갑 모양
2차 발효	온도 26℃, 습도 70~80% 발효실 또는 26℃ 실온에서 60분
굽기	**데크오븐** 윗불 240℃, 아랫불 210℃에서 스팀 주입 후 25분 **컨벡션오븐** 250℃에서 스팀 주입 후 220℃로 낮춰 23~25분

1

믹서볼에 밀가루와 물을 넣는다.

2

저속으로 2분 동안 믹싱(반죽 온도 20~ 21℃)하고 랩을 씌운 다음 실온 또는 냉 장고에서 30분 동안 휴지시킨다.

tip

오토리즈 휴지 전의 반죽 상태

▶ 본반죽 믹싱

tip

오토리즈 휴지 후의 반죽 상태. 반죽이 이완되어 잘 늘어난다.

1

믹서볼에 오토리즈 반죽, 르뱅, 생이스트 를 넣는다.

tip 르뱅 리키드 등의 다른 르뱅을 사용해도 된다. 삼곡 르뱅을 넣으면 구수한 풍미의 빵이 완성된다.

2

저속으로 2분 동안 믹싱한 다음 소금을 넣고 다시 중속으로 4분 동안 믹싱한다 (반죽 온도 24~25℃).

3

온도 26℃, 습도 70~80% 발효실에서 80분 동안 발효시킨다.

4

반죽의 아래위를 가운데로 접으면서 폴딩한다.

5

반죽통을 90도로 돌려 반죽의 아래위를 가운데로 접으면서 폴딩한다.

분할

6

다시 50분 동안 발효시킨다.

7

270g씩 7개로 분할한다.

8

두 손으로 반죽 표면을 매끈하게 만들면서 둥글린다.

9

실온에서 20분 동안 중간 발효시킨다.

10

반죽을 손바닥으로 가볍게 눌러 편 다음 절반을 밀대로 밀어 편다.

11

밀어 편 부분의 반죽 끝에 오일을 붓으로 바른다.

tip 구울 때 오일을 바른 부분이 타바티에르 (담뱃갑, tabatière)라는 이름처럼 벌어지게 된다.

12

반죽을 반으로 접어 겹친다.

13

밀어 편 부분이 바닥을 향하도록 캔버스 천 위에 올린다.

14

온도 26℃, 습도 70~80% 발효실 또는 26℃ 실온에서 비닐을 덮고 60분 동안 2차 발효시킨다.

2차 발효가 완료된 반죽

15 반죽의 밀어 편 부분이 위를 향하도록 베이킹 시트 위에 간격을 두고 올린다.

16 윗불 240℃, 아랫불 210℃ 데크오븐에 반죽을 넣고 스팀 3초 주입 후 25분 또는 250℃ 컨벡션오븐에 반죽을 넣고 스팀 2초 주입 후 220℃로 낮춰 23~25분 동안 굽는다.

화이트 루스틱
RUSTIC WHITE BREAD

재료 [7개 분량]	주요 공정

[오토리즈 반죽]

프랑스밀가루 500g
(T55, 밀 100%)
프랑스밀가루 500g
(T55, 영양강화)
물 700g

[본반죽]

오토리즈 반죽 전량
삼곡 르뱅(수분 110%) 200g
→ p.24 참조
생이스트 5g
소금 19g
물 100g

[오토리즈 반죽]

믹싱	저속 2분 / 반죽 온도 20~21℃
휴지	실온 또는 냉장 30분

[본반죽]

믹싱	저속 2분 → 소금 투입 → 중속 3분 → 물 투입 / 반죽 온도 24~25℃
1차 발효	온도 26~27℃, 습도 70~80% 발효실에서 150분
중간 발효	실온 40분
성형	8×25㎝ 직사각형
2차 발효	온도 26~27℃, 습도 70% 발효실 또는 26℃ 실온에서 50분
굽기	**데크오븐** 윗불 250℃, 아랫불 230℃에서 스팀 주입 후 25~28분 **컨벡션오븐** 250℃에서 스팀 주입 후 220℃로 낮춰 23~25분

1

믹서볼에 밀가루와 물을 넣는다.

2

저속으로 2분 동안 믹싱(반죽 온도 20~
21℃)하고 랩을 씌운 다음 실온 또는 냉
장고에서 30분 동안 휴지시킨다.

tip

오토리즈 휴지 전의 반죽 상태

본반죽 믹싱

tip

오토리즈 휴지 후의 반죽 상태. 반죽이
이완되어 잘 늘어난다.

1

믹서볼에 오토리즈 반죽, 르뱅, 생이스트
를 넣고 저속으로 2분 동안 믹싱한 다음
소금을 넣는다.

2

다시 중속으로 3분 동안 믹싱한 다음 물
을 8회에 나눠 조금씩 넣는다(반죽 온도
24~25℃).

tip 수분이 많은 진 반죽의 경우 수분 일부를
남겨 두었다가 믹싱 후반에 나눠 넣으면 재료
도 잘 섞이고 믹싱 시간도 단축할 수 있다.

3

반죽을 발효통에 옮겨 담고 온도 26~27℃, 습도 70~80% 발효실에서 150분 동안 1차 발효시킨다.

tip 발효통 안쪽에 물을 충분히 바른 다음 반죽을 넣어야 나중에 잘 떨어진다.

4

작업대에 덧가루를 충분히 뿌린다.

5

발효시킨 반죽 위에 덧가루를 뿌린다.

tip 반죽이 질어서 잘 들러붙기 때문에 작업성을 위해 덧가루를 충분히 뿌린다.

6

반죽통을 엎어 반죽을 작업대 위에 올린다.

7

반죽 4면을 가볍게 당기면서 늘여 편다.

8

가로 35㎝, 세로 50㎝ 크기까지 늘여 편다.

9

세로의 아랫부분을 반으로 접는다.

10

다시 세로의 윗부분을 반으로 접어 35×
25㎝로 만들고 이음매를 잘 다듬는다.

11

가로의 한쪽 면을 가운데로 접는다.

12

다시 가로의 한쪽 다른 면을 가운데로
접는다.

13

캔버스 천 위에 올려 펼친다.

14

가로를 55㎝ 길이로 늘여 55×25㎝
크기로 만든다.

15

표면이 마르지 않게 캔버스 천으로 살짝 덮고 실온에서 40분 동안 중간 발효시킨다.

16

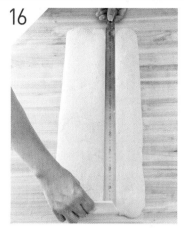

작업대 위에 반죽을 올리고 전체 길이를 잰다.

17

8×25cm 크기로 7개를 자른다.

2차 발효

굽기

18

캔버스 천에 윗면이 바닥으로 가도록 엎어서 팬닝하고 온도 26~27℃, 습도 70% 발효실 또는 26℃ 실온에서 비닐을 덮고 50분 동안 2차 발효시킨다.

tip

2차 발효가 완료된 반죽

19

윗불 250℃, 아랫불 230℃ 데크오븐에 반죽을 넣고 스팀 3초 주입 후 25~28분 또는 250℃ 컨벡션오븐에 반죽을 넣고 스팀 2초 주입 후 220℃로 낮춰 23~25분 동안 굽는다.

tip 국산 오븐의 경우 윗불 230℃, 아랫불 210℃에서 스팀 주입 후 25~30분 동안 굽는다.

플레인 치아바타
PLAIN CIABATTA

재료 [12개 분량]	주요 공정

[오토리즈 반죽]

강력분 500g
프랑스밀가루 250g
(T55, 밀 100%)
물 560g

[오토리즈 반죽]

믹싱	저속 2분 / 반죽 온도 20~21℃
휴지	실온 또는 냉장 30분

[본반죽]

오토리즈 반죽 전량
르뱅 리키드(수분 100%) 150g
→ p.32 참조
생이스트 8g
소금 14g
물 70g
올리브오일 50g

[본반죽]

믹싱	저속 2분 → 소금 투입 → 중속 5분 → 물 투입 → 올리브오일 투입 / 반죽 온도 24~25℃
1차 발효	온도 28℃, 습도 85% 발효실에서 120분
중간 발효	실온 40분
성형	8×13㎝ 직사각형
2차 발효	온도 26℃, 습도 85% 발효실 또는 26℃ 실온에서 30분
굽기	**데크오븐** 윗불 250℃, 아랫불 210℃에서 스팀 주입 후 5~8분 **컨벡션오븐** 250℃에서 스팀 주입 후 230℃로 낮춰 10~15분

오토리즈 반죽 믹싱·휴지

1

믹서볼에 밀가루와 물을 넣는다.

2

저속으로 2분 동안 믹싱(반죽 온도 20 ~21℃)하고 랩을 씌운 다음 실온 또는 냉장고에서 30분 동안 휴지시킨다.

tip

오토리즈 휴지 전의 반죽 상태

본반죽 믹싱

tip

오토리즈 휴지 후의 반죽 상태. 반죽이 이완되어 잘 늘어난다.

1

믹서볼에 오토리즈 반죽, 르뱅, 생이스트를 넣는다.

2

소금을 넣고 중속으로 5분 동안 믹싱한 다음 물을 5회에 나눠 넣는다.

tip 수분이 많은 진 반죽의 경우 수분 일부를 남겨 두었다가 믹싱 후반에 나눠 넣으면 재료 도 잘 섞이고 믹싱 시간도 단축할 수 있다.

3

올리브오일을 3회에 나눠 넣으면서 매끄럽게 믹싱한다(반죽 온도 24~25℃).

4

사각통에 올리브오일을 바르고 반죽을 넣어 온도 28℃, 습도 85% 발효실에서 120분 동안 발효시킨다.

5

발효시킨 반죽 위에 덧가루를 뿌린다.

tip 반죽이 질어서 잘 들러붙기 때문에 작업성을 위해 덧가루를 충분히 뿌린다.

6

덧가루를 충분히 뿌린 작업대 위에 사각통을 엎어 반죽을 올리고 반죽의 4면을 가볍게 당긴다.

7

가로 35㎝, 세로 52㎝ 크기로 늘여 편다.

8

세로의 아랫부분을 반으로 접는다.

9

다시 세로의 윗부분을 반으로 접는다.

10

캔버스 천 위에 올려 가로 48㎝, 세로 26㎝로 늘여 편다.

11

표면이 마르지 않게 캔버스 천으로 살짝 덮고 실온에서 40분 동안 다시 발효시킨다.

분할　　　　　　　　　　　　　　　　　　　　　　　**2차 발효**

12

8×13㎝ 12개로 분할한다.

13

캔버스 천 위에 간격을 두고 올린다.

14

온도 26℃, 습도 85% 발효실 또는 26℃ 실온에서 비닐을 덮고 30분 동안 2차 발효시킨다.

tip

2차 발효가 완료된 반죽

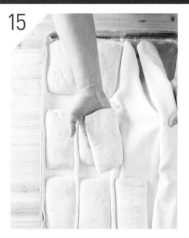

15

반죽을 베이킹 시트 위에 간격을 두고 올린다.

16

윗불 250℃, 아랫불 210℃ 데크오븐에 반죽을 넣고 스팀 3초 주입 후 5~8분 또는 250℃ 컨벡션오븐에 반죽을 넣고 스팀 3초 주입 후 230℃로 낮춰 10~15분 동안 굽는다.

두부 치아바타
BEAN CURD CIABATTA

| 재료 [12개 분량] | 주요 공정 |

[오토리즈 반죽]

[오토리즈 반죽]

초강력분 1,000g
물 650g
두부(단단한 것) 350g

믹싱	저속 3분 / 반죽 온도 20~21℃
휴지	실온 또는 냉장 30분

[본반죽]

오토리즈 반죽 전량
르뱅 리키드(수분 100%) 150g
→ p.32 참조
생이스트 10g
소금 20g
물 50~80g
올리브오일 40g

[본반죽]

믹싱	저속 2분 → 소금 투입 → 중속 → 물 투입 → 올리브오일 투입 / 반죽 온도 24~25℃
1차 발효	온도 26~27℃, 습도 70~80% 발효실에서 110분
중간 발효	실온 40분
성형	9×15cm 직사각형
2차 발효	온도 26℃, 습도 70~80% 발효실 또는 26℃ 실온에서 40분
굽기	**데크오븐** 윗불 250℃, 아랫불 210℃에서 스팀 주입 후 12분 **컨벡션오븐** 250℃에서 스팀 주입 후 230℃로 낮춰 10~15분

1

믹서볼에 밀가루와 물, 두부를 넣는다.

2

저속으로 3분 동안 믹싱(반죽 온도 20~
21℃)하고 냉장고에서 30분 동안 휴지
시킨다.

tip

오토리즈 휴지 전의 반죽 상태

본반죽 믹싱

tip

오토리즈 휴지 후의 반죽 상태. 반죽이
이완되어 잘 늘어난다.

1

믹서볼에 오토리즈 반죽, 르뱅, 생이스트
를 넣고 저속으로 2분 동안 믹싱한다.

2

소금을 넣고 중속으로 믹싱하면서 물을
5회에 나눠 넣는다.
tip 두부의 수분 양에 따라 물의 양을 조절한다.
tip 수분이 많은 진 반죽의 경우 수분 일부를
남겨 두었다가 믹싱 후반에 나눠 넣으면 재료
도 잘 섞이고 믹싱 시간도 단축할 수 있다.

3

올리브오일을 3회에 나눠 넣는다(반죽 온도 24~25℃).

4

사각통에 올리브오일을 바르고 반죽을 넣어 온도 26~27℃, 습도 70~80% 발효실에서 110분 동안 발효시킨다.

tip

1차 발효가 완료된 반죽

5

발효시킨 반죽 위에 덧가루를 뿌린다.
tip 반죽이 질어서 잘 들러붙기 때문에 작업성을 위해 덧가루를 충분히 뿌린다.

6

작업대에 덧가루를 충분히 뿌리고 반죽통을 엎어 반죽을 올린다.

7

반죽 4면을 가볍게 당겨 가로 35㎝, 세로 60㎝로 늘여 펴고 세로의 아랫부분을 반으로 접는다.

8

세로의 윗부분을 반으로 접어 35×30㎝로 만든다.

9

가로의 한쪽 면을 가운데로 접는다.

10

다시 가로의 한쪽 다른 면을 가운데로 접는다.

11

캔버스 천 위에 올려 펼친다.

12

54×30㎝ 크기로 늘인다.

13

이음매를 잘 다듬는다.

14

표면이 마르지 않게 캔버스 천으로 살짝 덮고 실온에서 다시 40분 동안 발효시킨다.

15

9×15cm 12개로 분할한다.

16

캔버스 천 위에 간격을 두고 올리고 온도 26℃, 습도 70~80% 발효실 또는 26℃ 실온에서 비닐을 덮고 40분 동안 2차 발효시킨다.

tip

2차 발효가 완료된 반죽

17

반죽을 베이킹 시트 위에 간격을 두고 올린다.

18

윗불 250℃, 아랫불 210℃ 데크오븐에 반죽을 넣고 스팀 3초 주입 후 12분 또는 250℃ 컨벡션오븐에 반죽을 넣고 스팀 3초 주입 후 230℃로 낮춰 10~15분 동안 굽는다.

포테이토 트위스트
POTATO
TWIST BREAD

재료 [8개 분량]	주요 공정

[오토리즈 반죽]

초강력분 1,000g
물 750g

[본반죽]

오토리즈 반죽 전량
르뱅 리키드(수분 100%) 140g
→ p.32 참조
생이스트 10g
소금 20g
물 60g
찐 감자 200g
올리브오일 20g

[오토리즈 반죽]

믹싱	저속 2분 / 반죽 온도 20~21℃
휴지	실온 또는 냉장 30분

[본반죽]

믹싱	저속 2분 → 소금 투입 → 중속 → 물 투입 → 찐 감자 투입 → 저속 1분 → 올리브오일 투입 / 반죽 온도 24~25℃
1차 발효	온도 26~27℃, 습도 70~80% 발효실에서 120분
중간 발효	실온 30분
성형	7×40㎝ 직사각형 → 꽈배기 모양
2차 발효	온도 26~27℃, 습도 70~80% 발효실 또는 26℃ 실온에서 30분
굽기	**데크오븐** 윗불 240℃, 아랫불 200℃에서 스팀 주입 후 20분 **컨벡션오븐** 250℃에서 스팀 주입 후 230℃로 낮춰 12~18분

1

믹서볼에 모든 재료를 넣고 저속으로
2분 동안 믹싱한다(반죽 온도 20~21℃).

2

냉장고에서 30분 동안 휴지시킨다.

tip

오토리즈 휴지 전의 반죽 상태

본반죽 믹싱

tip

오토리즈 휴지 후의 반죽 상태. 반죽이
이완되어 잘 늘어난다.

1

믹서볼에 오토리즈 반죽, 르뱅, 생이스트
를 넣고 저속으로 2분 동안 믹싱한다.

2

소금을 넣고 중속으로 믹싱하면서 물을
7회에 나눠 넣은 다음 찐 감자를 넣고 섞
는다.

tip 수분이 많은 진 반죽의 경우 수분 일부를
남겨 두었다가 믹싱 후반에 나눠 넣으면 재료
도 잘 섞이고 믹싱 시간도 단축할 수 있다.

3

저속으로 1분 동안 믹싱한 다음 올리브 오일을 넣는다(반죽 온도 24~25℃).

4

사각통에 올리브오일을 바르고 반죽을 넣어 온도 26~27℃, 습도 70~80% 발효실에서 120분 동안 1차 발효시킨다.

5

발효시킨 반죽 위에 덧가루를 뿌린다.
tip 반죽이 질어서 잘 들러붙기 때문에 작업성을 위해 덧가루를 충분히 뿌린다.

6

작업대에 덧가루를 충분히 뿌리고 반죽통을 엎어 반죽을 올린다.

7

반죽 4면을 가볍게 당기면서 늘여 편다.

8

가로 35㎝, 세로 50㎝ 크기로 늘여 편다.

9

아래위를 가운데로 접어 35×25㎝로 만든다.

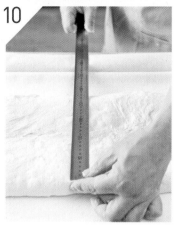

10

캔버스 천 위에 올리고 다음 56×25㎝ 크기로 늘여 편다.

11

표면이 마르지 않게 캔버스 천으로 살짝 덮고 실온에서 30분 동안 다시 발효시킨다.

분할·성형　　　　　　　　　　　　　　　　　**2차 발효**

12

7×40㎝ 8개로 분할한다.

13

반죽 양끝을 각각 반대 방향으로 꼬면서 트위스트 모양으로 만든다.

14

캔버스 천 위에 올리고 온도 26~27℃, 습도 70~80% 발효실 또는 26℃ 실온에서 비닐을 덮고 30분 동안 2차 발효시킨다.

tip

2차 발효가 완료된 반죽

15

반죽을 베이킹 시트 위에 간격을 두고 올린다.

16

윗불 240℃, 아랫불 200℃ 데크오븐에 반죽을 넣고 스팀 3초 주입 후 20분 또는 250℃ 컨벡션오븐에 반죽을 넣고 스팀 3초 주입 후 230℃로 낮춰 12~18분 동안 굽는다.

AUTOLYSE
오토리즈 제법을 사용한 빵

타이거 치즈 바게트
TIGER CHEESE BAGUETTE

재료 [12개 분량]

[묵은 반죽]

강력분 600g
생이스트 4g
물 400g
소금 10g

[오토리즈 반죽]

강력분 500g
프랑스밀가루 500g
(T55, 영양 강화)
물 690g

[본반죽]

묵은 반죽 200g
오토리즈 반죽 전량
르뱅 리키드(수분 100%) 150g
→ p.32 참조
생이스트 10g
소금 19g
무염버터 20g
롤치즈 300g

[멥쌀 토핑]

멥쌀가루 100g
강력분 20g
설탕 19g
소금 2g
생이스트 2g
물 80g
녹인 버터 26g

주요 공정

[묵은 반죽]

| 믹싱 | 저속 8분 → 중속 3분 / 반죽 온도 26~27℃ |
| 발효 | 26℃ 실온에서 60분 → 냉장 16시간 |

[오토리즈 반죽]

| 믹싱 | 저속 2분 / 반죽 온도 20~21℃ |
| 휴지 | 실온 또는 냉장 30분 |

[본반죽]

믹싱	저속 3분 → 소금, 버터 투입 → 중속 5분 → 롤치즈 투입 / 반죽 온도 24~25℃
1차 발효	26℃ 실온에서 100분
분할	200g
중간 발효	실온 25분
성형	막대형
2차 발효	온도 27~28℃, 습도 70~80% 발효실에서 60분
굽기	데크오븐 윗불 230℃, 아랫불 210℃에서 스팀 주입 후 28분 컨벡션오븐 250℃에서 스팀 주입 후 200℃로 낮춰 25~30분

1

믹서볼에 밀가루와 물을 넣는다.

2

저속으로 2분 동안 믹싱(반죽 온도 20~
21℃)하고 랩을 씌운 다음 실온 또는 냉
장고에서 30분 동안 휴지시킨다.

tip

오토리즈 휴지 전의 반죽 상태

본반죽 믹싱

tip

오토리즈 휴지 후의 반죽 상태. 반죽이
이완되어 잘 늘어난다.

1

믹서볼에 오토리즈 반죽, 르뱅, 생이스
트, 묵은 반죽*을 넣고 저속으로 3분 동
안 믹싱한다.

tip 묵은 반죽을 사용하면 발효력과 풍미가
한층 더 좋아진다.

2

소금, 버터를 넣고 중속으로 5분 동안 믹
싱한다(반죽 온도 24~25℃).

＊

묵은 반죽 만들기

1 믹서볼에 모든 재료를 넣고 저속 8분, 중속으로 3분 동안 믹싱한다(반죽 온도 26~27℃).

2 26℃ 실온에서 60분 동안 발효시키고 다시 냉장고에서 16시간 동안 발효시킨다.

tip 남은 반죽은 비닐에 넣어서 3일 동안 냉동 보관할 수 있다.

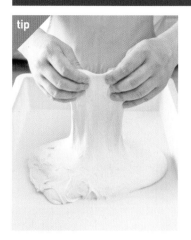

tip

믹싱이 완료된 반죽 상태

3

반죽통에 반죽을 옮기고 롤치즈를 넣고 섞는다.

tip

스크레이퍼로 반죽을 자르고 겹치면서 롤치즈를 고루 섞어준다.

1차 발효　　　　　　　　　　　　　　　**분할**

4

26℃ 실온에서 100분 동안 1차 발효시 킨다.

tip

1차 발효가 끝난 반죽 상태

5

200g씩 12개로 분할한다.

6

반죽의 표면을 매끈하게 만들면서 둥글린다.

7

반죽을 앞뒤로 밀면서 타원형으로 예비 성형하고 실온에서 25분 동안 중간 발효시킨다.

tip 이 단계에서 멥쌀 토핑을 준비한다.

8

반죽을 중간 발효시킬 때 멥쌀 토핑 재료를 준비한다.

9

볼에 버터를 제외한 모든 재료를 넣고 생이스트가 잘 섞이도록 주걱으로 섞는다.

tip 멥쌀의 수분 양에 따라 물의 양을 조절한다.

10

녹인 버터를 넣고 충분히 섞은 다음 26℃ 실온에서 1시간 동안 발효시킨다.

11

완성된 멥쌀 토핑 상태

12

반죽을 손바닥으로 가볍게 눌러 타원형으로 늘여 펴고 반죽의 아래를 가운데로 접는다.

13

반죽을 위에서 아래로 두 번 연달아 접는다.

14

접으면서 25㎝ 길이의 바게트 모양으로 만든다.

2차 발효 ⟩ **굽기**

15

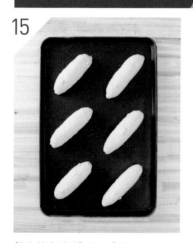

철판 위에 간격을 두고 올린다.

16

미리 준비한 멥쌀 토핑을 바르고 온도 27~28℃, 습도 70~80% 발효실에서 60분 동안 2차 발효시킨다.

17

윗불 230℃, 아랫불 210℃ 데크오븐에 반죽을 넣고 스팀 3초 주입 후 28분 또는 250℃ 컨벡션오븐에 반죽을 넣고 스팀 3초 주입 후 200℃로 낮춰 25~30분 동안 굽는다.

팽 콩플레
PAIN COMPLET

재료 [6개 분량]	주요 공정

[오토리즈 반죽]

프랑스밀가루(T65) 700g
고운통밀가루 150g
다크호밀가루 150g
물 700g

[본반죽]

오토리즈 반죽 전량
통밀 르뱅(수분 70%) 300g
→ p.20 참조
생이스트 3g
소금 20g

[오토리즈 반죽]

믹싱	저속 2분 / 반죽 온도 20~21℃
휴지	실온 또는 냉장 30분

[본반죽]

저속	2분 → 소금 투입 → 중속 3분 / 반죽 온도 24~25℃
1차 발효	온도 26~27℃, 습도 70~80% 발효실에서 85분 → 폴딩 → 50분
분할	336g
중간 발효	실온 25분
성형	캉파뉴 모양
2차 발효	온도 26~27℃, 습도 70~80% 발효실 또는 26℃ 실온에서 60분
굽기	**데크오븐** 윗불 250℃, 아랫불 210℃에서 스팀 주입 후 25분 **컨벡션오븐** 250℃에서 스팀 주입 후 230℃로 낮춰 25~30분

1

믹서볼에 밀가루와 물을 넣는다.

2

저속으로 2분 동안 믹싱(반죽 온도 20~
21℃)하고 랩을 씌운 다음 실온 또는 냉
장고에서 30분 동안 휴지시킨다.

tip

오토리즈 휴지 전의 반죽 상태

본반죽 믹싱

tip

오토리즈 휴지 후의 반죽 상태. 반죽이
이완되어 잘 늘어난다.

1

믹서볼에 오토리즈 반죽, 르뱅, 생이스트
를 넣는다.

2

저속으로 2분 동안 믹싱한 다음 소금을
넣고 다시 중속으로 3분 동안 믹싱한다
(반죽 온도 24~25℃).

온도 26~27℃, 습도 70~80% 발효실에서 85분 동안 휴지시킨다.

반죽의 위를 가운데로 접으면서 폴딩한다.

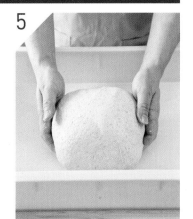

반죽의 아래를 가운데로 접으면서 폴딩한 다음 반죽통을 90도로 돌려 반죽의 아래위를 가운데로 접으면서 폴딩한다.

분할

50분 동안 다시 휴지시킨다.

336g씩 6개로 분할한다.

두 손으로 반죽 표면을 매끈하게 만들면서 둥글린다.

9

반죽을 앞뒤로 밀면서 타원형으로 예비 성형한다.

10

실온에서 25분 동안 중간 발효시킨다.

11

반죽을 아래에서 위로 반으로 접는다.

12

반죽을 아래에서 위로 동일한 방향으로 한 번 더 접는다.

13

반죽을 아래에서 위로 한 번 더 접고 이음매를 잘 봉하면서 캉파뉴 모양으로 성형한다.

14

캔버스 천에 이음매가 위를 향하도록 올리고 온도 26~27℃, 습도 70~80% 발효실 또는 26℃ 실온에서 60분 동안 2차 발효시킨다.

tip

2차 발효가 완료된 반죽

15

표면에 일자로 칼집을 넣는다.

16

윗불 250℃, 아랫불 210℃ 데크오븐에 반죽을 넣고 스팀 3초 주입 후 25분 또는 250℃ 컨벡션오븐에 반죽을 넣고 스팀 3초 주입 후 230℃로 낮춰 25~30분 동안 굽는다.

POOLISH

풀리시 제법을 사용한 빵

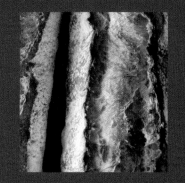

풀리시는 전체 배합의 20~40% 분량의 밀가루에 같은 양의 수분, 소량의 이스트를 혼합해 사전발효시킨 다음 본반죽에 섞어
사용하는 제법이다. 풀리시로 만든 빵은 은은한 발효 향과 가벼운 크럼, 얇은 크러스트, 구수한 풍미가 장점으로, 오븐에서의
팽창력, 빵의 볼륨감도 좋다. 이 책에서는 저온에서 16시간 발효시킨 풀리시와 천연발효종을 함께 사용하는데, 풀리시와 천연
발효종의 결합은 발효 시간이 긴 제품도 단시간에 구워낼 수 있다. 또한 안정적인 제조가 가능해 실패할 확률이 낮고 빵 맛에
대한 소비자들의 반응도 좋은 편이다. 대부분의 빵에 적용이 가능하다.

풀리시 바게트
POOLISH BAGUETTE

재료 [6개 분량]	주요 공정

[풀리시]

프랑스밀가루 400g
(T55, 밀 100%)
생이스트 1g
물 400g

[본반죽]

풀리시 반죽 전량
프랑스밀가루 600g
(T55, 밀 100%)
생이스트 1g
몰트(보리 100%) 4g
르뱅 리키드(수분 100%) 200g
→ p.32 참조
물 280g
소금 19g

[풀리시]

휴지	실온 30분 / 완성 온도 26℃
발효	26℃ 실온에서 3시간 → 3℃ 냉장고에서 16시간

[본반죽]

믹싱	저속 5분 → 소금 투입 → 저속 1분 → 중속 4분 / 반죽 온도 24~25℃
1차 발효	26℃ 실온에서 120분
분할	330g
중간 발효	실온 25분
성형	막대형
2차 발효	온도 26℃, 습도 80% 발효실 또는 26℃ 실온에서 40분
굽기	**데크오븐** 윗불 250℃, 아랫불 220℃에서 스팀 주입 후 25분 **컨벡션오븐** 250℃에서 스팀 주입 후 220℃로 낮춰 23~25분

1

볼에 모든 재료를 넣고 주걱으로 잘 섞는다.

2

랩을 씌워 실온에서 30분 동안 휴지시키고 주걱으로 가볍게 섞어 수화시킨 다음 26℃ 실온에서 3시간, 3℃ 냉장고로 옮겨 16시간 발효시킨다.

1

믹서볼에 소금을 제외한 모든 재료를 넣는다.

tip

이스트와 몰트는 분량의 물에 풀어 사용한다.

2

저속으로 5분 동안 믹싱한다.

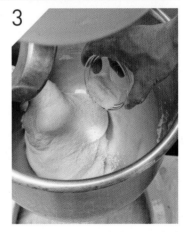

3

소금을 넣고 저속 1분, 중속 4분 동안 믹싱한다(반죽 온도 24~25℃).

tip

믹싱이 완료된 반죽 상태

4

반죽통에 담고 26℃ 실온에서 120분 동안 1차 발효시킨다.

tip

1차 발효가 완료된 반죽 상태

분할

5

330g씩 6개로 분할한다.

6

반죽을 작업대에 대고 아래에서 위로 밀어 올리면서 표면을 매끈하게 만든다.

7

반죽을 다시 위에서 아래로 끌어 내리면서 타원형으로 성형한다.

8

실온에서 25분 동안 중간 발효시킨다.

tip

중간 발효가 완료된 반죽 상태

9

반죽을 손바닥으로 가볍게 눌러 펴고 위에서 아래로 반으로 접는다.

10

다시 위에서 아래로 동일한 방향으로 한 번 더 접는다.

11

이음매를 잘 봉하면서 동일한 방향으로 한 번 더 접는다.

12

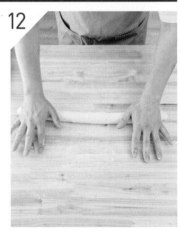

45㎝ 길이의 바게트 모양으로 성형한다.

13

캔버스 천 위에 올린다.

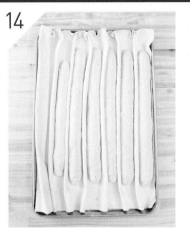

14

온도 26℃, 습도 80% 발효실 또는 26℃ 실온에서 비닐을 덮고 40분 동안 2차 발효시킨다.

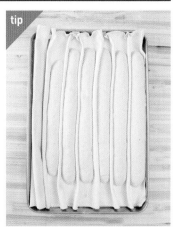

tip

2차 발효가 완료된 반죽 상태

굽기

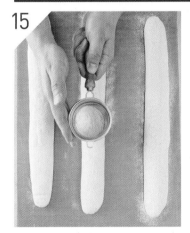

15

반죽을 베이킹 시트 위에 간격을 두고 올린 다음 프랑스밀가루(T55, 분량 외)를 뿌린다.

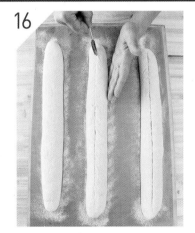

16

세로로 길게 칼집을 넣는다.

17

윗불 250℃, 아랫불 220℃ 데크오븐에 반죽을 넣고 스팀 2~3초 주입 후 25분 또는 250℃ 컨벡션오븐에 반죽을 넣고 스팀 2초 주입 후 220℃로 낮춰 23~25분 동안 굽는다.

피타 브레드
PITA BREAD

재료 [23개 분량]	주요 공정

[풀리시]

프랑스밀가루 100g
(T55, 밀 100%)
생이스트 2g
물 100g

[풀리시]

휴지	실온 30분 / 완성 온도 26℃
발효	25℃ 실온에서 60분 → 3℃ 냉장고에서 16시간

[본반죽]

풀리시 반죽 전량
강력분(국내산) 510g
중력분 140g
소금 13g
설탕 10g
생이스트 8g
물 370g
르뱅 리키드(수분 100%) 100g
→ p.32 참조
올리브오일 60g

[본반죽]

믹싱	저속 3분 → 중속 1분 → 올리브오일 투입 / 반죽 온도 26℃
1차 발효	25℃ 실온에서 30분
분할	60g
2차 발효	냉장 6~12시간
성형	지름 15㎝ 원형
굽기	**데크오븐** 윗불 220℃, 아랫불 200℃에서 8분 **컨벡션오븐** 200℃에서 예열 후 170℃로 낮춰 7분

1

볼에 모든 재료를 넣고 주걱으로 잘 섞는다.

2

랩을 씌워 실온에서 30분 동안 휴지시키고 주걱으로 가볍게 섞어 수화시킨 다음 25℃ 실온에서 60분, 3℃ 냉장고로 옮겨 16시간 동안 발효시킨다.

1

풀리시를 포함한 본반죽 재료를 준비한다.

2

믹서볼에 올리브오일을 제외한 모든 재료를 넣고 저속 3분, 중속 1분 동안 믹싱한다.

3

올리브오일을 넣고 100% 믹싱한다(반죽 온도 26℃).

tip

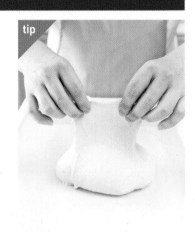

믹싱이 완료된 반죽 상태

4

25℃ 실온에서 30분 동안 발효시킨다.

5

60g씩 23개로 분할하고 둥글린다.

6

비닐을 덮고 냉장고에서 6~12시간 보관한 다음 실온으로 옮긴다.

tip

2차 발효된 반죽 상태

7

반죽 온도가 16℃가 되면 밀대를 이용해 지름 15㎝로 밀어 편다.

8

베이킹 시트 위에 간격을 두고 올리고 덧가루(분량 외)를 뿌린 다음 윗불 220℃, 아랫불 200℃ 데크오븐에 8분 또는 200℃ 컨벡션오븐에 반죽을 넣고 170℃로 낮춰 7분 동안 굽는다.

POOLISH
풀 리 시 제 법 을 사 용 한 빵

올리브 치즈 바게트
OLIVE CHEESE BAGUETTE

재료 [8개 분량]	주요 공정

[풀리시]

프랑스밀가루 250g
(T55, 밀 100%)
생이스트 4g
물 250g

[본반죽]

풀리시 반죽 전량
강력분 250g
프랑스밀가루 250g
(T55, 밀 100%)
생이스트 6g
르뱅 리키드(수분 100%) 200g
→ p.32 참조
몰트(보리 100%) 4g
물 300g
소금 13g

[속재료]

에담치즈 100g
블랙올리브 200g

[풀리시]

휴지	실온 30분 / 완성 온도 26℃
발효	25℃ 실온에서 90분 → 3℃ 냉장고에서 16시간

[본반죽]

믹싱	저속 5분 → 소금 투입 → 저속 1분 → 중속 5분 → 속재료 투입 / 반죽 온도 24~25℃
1차 발효	26℃ 실온에서 60분 → 폴딩 → 50분
분할	232g
중간 발효	실온 20분
성형	막대형
2차 발효	온도 26℃, 습도 80% 발효실 또는 26℃ 실온에서 40분
굽기	**데크오븐** 윗불 250℃, 아랫불 210℃에서 스팀 주입 후 17분 **컨벡션오븐** 250℃에서 스팀 주입 후 220℃로 낮춰 16분

1

볼에 모든 재료를 넣고 주걱으로 잘 섞는다.

2

랩을 씌워 실온에서 30분 동안 휴지시키고 주걱으로 가볍게 섞어 수화시킨 다음 26℃ 실온에서 90분, 3℃ 냉장고로 옮겨 16시간 발효시킨다.

1

풀리시를 포함한 본반죽 재료를 준비한다.

2

믹서볼에 소금을 제외한 모든 재료를 넣고 저속으로 5분 동안 믹싱한다.

3

소금을 넣고 저속 1분, 중속 5분 동안 믹싱한다(반죽 온도 24~25℃).

tip

믹싱이 완료된 반죽 상태

4

속재료를 넣고 스크레이퍼로 자르듯이 겹치면서 손으로 섞는다.

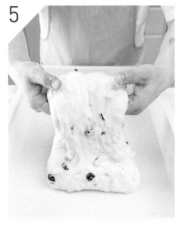

5

26℃ 실온에서 60분 동안 발효시키고 4면을 가운데로 접으면서 폴딩한다.

6

다시 50분 동안 발효시킨다.

분할

tip

1차 발효가 완료된 반죽 상태

7

232g씩 8개로 분할한다.

8

반죽의 매끈한 면이 밖으로 나오도록 반으로 접는다.

9

동일한 방향으로 한 번 더 접으면서 타원형으로 만든다.

10

실온에서 20분 동안 중간 발효시킨다.

tip

중간 발효가 완료된 반죽 상태

성형

11

반죽을 위에서 아래로 동일한 방향으로 연달아 두 번 접는다.

12

동일한 방향으로 다시 한 번 접으면서 이음매를 잘 봉한다.

13

25㎝ 길이의 바게트 모양으로 늘이면서 성형한다.

14

반죽을 캔버스 천 위에 이음매가 아래를
향하도록 올린다.

15

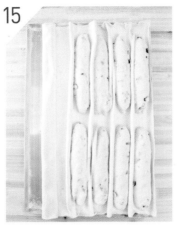

온도 26℃, 습도 80% 발효실 또는 26℃
실온에서 비닐을 덮고 40분 동안 2차 발
효시킨다.

tip

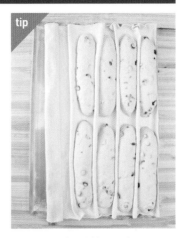

2차 발효가 완료된 반죽 상태

굽기

16

베이킹 시트 위에 간격을 두고 올리고 덧
가루를 뿌린다.

17

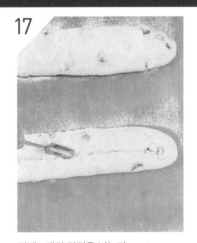

길게 1개의 칼집을 넣는다.

18

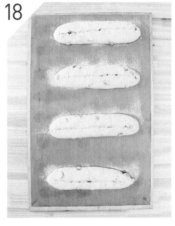

윗불 250℃, 아랫불 210℃ 데크오븐에
반죽을 넣고 스팀 2~3초 주입 후 17분
또는 250℃ 컨벡션오븐에 반죽을 넣고
스팀 3초 주입 후 220℃로 낮춰 16분 동
안 굽는다.

올리브 팽 드 미
OLIVE
PAIN DE MIE

재료 [10개 분량]	주요 공정

[풀리시]

프랑스밀가루 500g
(T55, 밀 100%)
생이스트 5g
물 500g

[본반죽]

풀리시 반죽 전량
강력분 500g
프랑스밀가루 500g
(T55, 밀 100%)
생이스트 12g
설탕 30g
소금 27g
버터 30g
르뱅 리키드(수분 100%) 200g
→ p.32 참조
물 570g

[속재료]

블랙올리브 200g
그린올리브 100g

[풀리시]

휴지	실온 30분 / 완성 온도 26℃

[본반죽]

믹싱	저속 5분 → 중속 1분 → 중속 5분 → 속재료 투입 / 반죽 온도 24~25℃
1차 발효	26℃ 실온에서 100분 → 폴딩 → 50분
분할	300g
성형	12×10.5×8㎝ 식빵틀에 팬닝
2차 발효	온도 26℃, 습도 80% 발효실에서 120분
굽기	**데크오븐** 윗불 230℃, 아랫불 230℃에서 스팀 주입 후 30~35분 **컨벡션오븐** 250℃에서 스팀 주입 후 190℃로 낮춰 25분

1

볼에 모든 재료를 넣고 주걱으로 잘 섞
는다.

2

랩을 씌우고 실온에서 30분 동안 휴지시킨
다음 주걱으로 가볍게 섞어 수화시킨다.

1

풀리시를 포함한 본반죽 재료를 준비한다.

2

믹서볼에 모든 재료를 넣고 저속 5분, 중
속 1분, 중속 5분 동안 믹싱한다(반죽 온도
24~25℃).

tip

풀리시는 분량의 물에 풀어 사용한다.

tip

믹싱이 완료된 반죽 상태

3

속재료를 넣고 스크레이퍼로 자르듯이 겹치면서 손으로 섞는다.

4

26℃ 실온에서 100분 동안 발효시킨 다음 반죽의 위를 가운데로 접으면서 폴딩한다.

5

반죽의 아래, 양옆을 가운데로 접으면서 폴딩한다.

6

다시 50분 동안 발효시킨다.

tip

1차 발효가 완료된 반죽 상태

7

300g씩 10개로 분할한다.

8

반죽을 가운데로 접는다.

9

반죽을 한 바퀴 동그랗게 접으면서 모은다.

10

두 손으로 가볍게 둥글리면서 표면을 매끈하게 만든다.

팬닝 ▶ 2차 발효

11

12×10.5×8㎝ 식빵틀에 팬닝한다.
tip 좁은 식빵틀 등에 덩어리째 넣는 반죽은 발효가 더 오래 걸리기 때문에 이스트의 양을 조금 더 늘렸다.

12

온도 26℃, 습도 80% 발효실에서 120분 동안 틀 높이만큼 부풀 때까지 2차 발효시킨 다음 윗면에 덧가루를 뿌린다.

13

윗불 230℃, 아랫불 230℃ 데크오븐에 반죽을 넣고 스팀 3초 주입 후 30~35분 또는 250℃ 컨벡션오븐에 스팀 3초 주입 후 190℃로 낮춰 25분 동안 굽는다.

호밀 통밀 무화과 캉파뉴

RYE & WHOLE WHEAT FIG PAIN DE CAMPAGNE

재료 [10개 분량]	주요 공정

[풀리시]

프랑스밀가루 190g
(T55, 밀 100%)
고운호밀가루 190g
생이스트 5g
소금 4g
물 380g

[본반죽]

풀리시 반죽 전량
프랑스밀가루 560g
(T55, 밀 100%)
고운통밀가루 100g
다크호밀가루 100g
르뱅 리키드(수분 100%) 200g
→ p.32 참조
꿀 30g
소금 20g
물 330g
커런츠 100g
건크랜베리 100g

[충전물]

전처리 무화과 630g

[풀리시]

휴지	실온 30분 / 완성 온도 26℃
발효	26℃ 실온에서 1시간 → 3℃ 냉장고에서 16시간

[본반죽]

믹싱	저속 5분 → 중속 2분 → 커런츠, 건크랜베리 투입 / 반죽 온도 25~26℃
1차 발효	26℃ 실온에서 80분
분할	234g
중간 발효	실온 20분
성형	럭비공 모양
2차 발효	온도 26℃, 습도 70% 발효실 또는 26℃ 실온에서 60분
굽기	**데크오븐** 윗불 250℃, 아랫불 210℃에서 스팀 주입 후 21분 **컨벡션오븐** 250℃에서 스팀 주입 후 190℃로 낮춰 20분

1

볼에 모든 재료를 넣고 주걱으로 잘 섞는다(완성 온도 26℃).

2

랩을 씌워 실온에서 30분 동안 휴지시키고 주걱으로 가볍게 섞어 수화시킨 다음 26℃ 실온에서 1시간, 3℃ 냉장고로 옮겨 16시간 발효시킨다.

1

재료를 준비한다. 소금은 분량의 물에 녹여 사용한다.

2

믹서볼에 커런츠, 건크랜베리를 제외한 모든 재료를 넣고 저속 5분, 중속 2분 동안 믹싱한다(반죽 온도 25~26℃).

3

커런츠, 건크랜베리를 넣고 스크레이퍼를 이용해 자르듯이 겹치면서 손으로 섞는다.

4

반죽을 하나로 모아 26℃ 실온에서 80분 동안 1차 발효시킨다.

1차 발효가 완료된 반죽 상태

234g씩 10개로 분할한다.

반죽을 가운데로 모아 접으면서 표면을
매끈하게 둥글린다.

성형

실온에서 20분 동안 중간 발효시킨다.

중간 발효가 완료된 반죽 상태

반죽을 손바닥으로 눌러 평평한 타원형
으로 편다.

9

4등분한 전처리 무화과* 70g을 올린다.

10

반죽을 아래에서 위로 돌돌 만다.

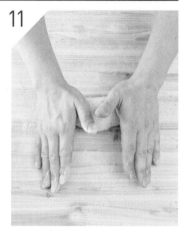

11

이음매를 잘 봉하고 20cm 길이의 끝이 동그란 바게트 모양으로 성형한다.

2차 발효

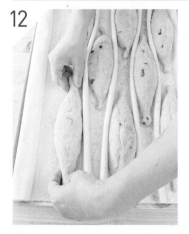

12

덧가루(분량 외)를 뿌린 캔버스 천 위에 이음매가 위를 향하도록 반죽을 올린다.

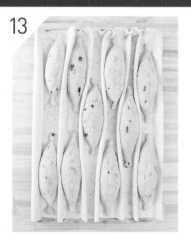

13

온도 26℃, 습도 70% 발효실 또는 26℃ 실온에서 비닐을 덮고 60분 동안 2차 발효시킨다.

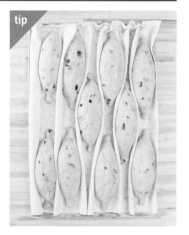

tip

2차 발효가 완료된 반죽 상태

＊
무화과 전처리

[재료] 물 200g, 레드와인 300g, 설탕 150g, 반건조 무화과 700g

1 냄비에 물, 레드와인, 설탕을 넣고 불에 올려 끓으면 무화과를 넣는다.
2 냉장고에서 숙성시켜 사용한다. 전처리한 무화과는 15일 동안 냉장 보관 가능하다.

14

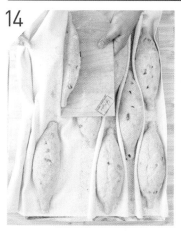

반죽을 베이킹 시트 위에 간격을 두고
올린다.

15

사선으로 두 개의 칼집을 넣는다.

16

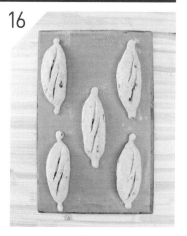

윗불 250℃, 아랫불 210℃ 데크오븐에
반죽을 넣고 스팀 3초 주입 후 21분 또는
250℃ 컨벡션오븐에 스팀 3초 주입 후
190℃로 낮춰 20분 동안 굽는다.

WHOLE WHEAT
LEVAIN

통밀 르뱅을 사용한 빵

통밀 르뱅은 통밀가루 베이스의 빵에 사용하는 것이 효과를 극대화할 수 있다. 이 책에서는 수분 100% 통밀 르뱅과 수분 70% 통밀 르뱅 2가지를 사용했으며, 입자가 고운 통밀가루로 리프레시를 했다. 통밀 르뱅은 풍미가 은은하며 통밀 특유의 구수함과 신맛이 적당히 어우러지는 것이 특징이다.

통밀 100% 바게트
100% WHOLE WHEAT BAGUETTE

재료 [8개 분량]

거친통밀가루 900g
볶은 거친통밀가루 100g
생이스트 10g
통밀 르뱅(수분 100%) 200g
→ p.21 참조
물A 750g
몰트(보리 100%) 5g
소금 20g
물B 50g

주요 공정	
믹싱	저속 5분 → 소금 투입 → 중속 1분 → 물B 투입 / 반죽 온도 25℃
1차 발효	26℃ 실온에서 80분 → 폴딩 → 50분
분할	250g
중간 발효	실온 30분
성형	막대형
2차 발효	온도 26℃, 습도 70% 발효실 또는 26℃ 실온에서 50분
굽기	**데크오븐** 윗불 250℃, 아랫불 220℃에서 스팀 주입 후 25분 **컨벡션오븐** 250℃에서 스팀 주입 후 210℃로 낮춰 23분

1

재료를 준비한다. 몰트는 분량의 물에 풀어 사용한다.

tip 효모의 먹이가 되는 몰트는 활성을 돕고 풍미를 좋게 한다.

2

믹서볼에 소금, 물B를 제외한 모든 재료를 넣고 저속으로 5분 동안 믹싱한다.

tip 볶은 통밀가루는 프라이팬에 통밀가루를 넣고 구수한 향이 날 때까지 볶아 사용한다.

3

소금을 넣고 중속으로 1분 동안 믹싱한다.

4

물B를 약 4분 동안 5회에 나눠 넣으면서 100% 믹싱한다(반죽 온도 25℃).

tip

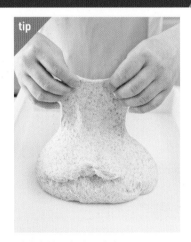

믹싱이 완료된 반죽 상태

5

26℃ 실온에서 80분 동안 발효시킨 다음 아래위, 양옆을 가운데로 접으면서 4면을 폴딩한다.

6

다시 50분 동안 발효시킨다.

tip

1차 발효가 완료된 반죽 상태

7

250g씩 8개로 분할한다.

8

반죽 양옆 끝을 가운데로 접어 모은다.

9

아래에서 위로 만다.

10

동그랗게 말아서 이음매가 밑을 향하게 한다.

11

반죽을 앞뒤로 밀면서 타원형으로 예비
성형한다.

12

실온에서 30분 동안 중간 발효시킨다.

tip

중간 발효가 완료된 반죽 상태

성형

13

반죽을 아래에서 위로 반으로 접는다.

14

반죽을 아래에서 위로 동일한 방향으로
한 번 더 접는다.

15

이음매를 잘 봉한다.

16 25cm 길이의 바게트 모양으로 성형한다.

17 캔버스 천 위에 올리고 온도 26℃, 습도 70% 발효실 또는 26℃ 실온에서 비닐을 덮고 50분 동안 2차 발효시킨다.

tip 2차 발효가 완료된 반죽

굽기

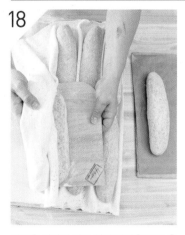

18 반죽을 베이킹 시트 위에 간격을 두고 올린다.

19 6~7개의 칼집 또는 격자 무늬로 칼집을 넣는다.

20 윗불 250℃, 아랫불 220℃ 데크오븐에서 스팀 3초 주입 후 25분 또는 250℃ 컨벡션오븐에 반죽을 넣고 스팀 2초 주입 후 210℃로 낮춰 23분 동안 굽는다.

통밀 50% 식빵

50% WHOLE WHEAT LOAF BREAD

재료 [7개 분량]	주요 공정	
거친통밀가루 500g	**믹싱**	저속 5분 → 중속 1분 → 버터 투입 → 중속 3분
강력분 500g		→ 반죽 온도 26~27℃
소금 18g	**1차 발효**	온도 30℃, 습도 85% 발효실에서 60분
설탕 80g		
생이스트 28g	**분할**	300g
꿀 30g		
몰트(보리 100%) 5g		
통밀 르뱅(수분 70%) 200g	**중간 발효**	15~20분
→ p.20 참조		
물 700g	**성형**	17×12.5×12.5cm 식빵틀에 팬닝
버터 60g		
	2차 발효	온도 30℃, 습도 85% 발효실에서 70분
	굽기	**데크오븐** 윗불 200℃, 아랫불 200℃에서 스팀 주입 후 40분
		컨벡션오븐 200℃에서 스팀 주입 후 170℃로 낮춰 25~30분

1

재료를 준비한다. 몰트는 분량의 물에 풀어 사용한다.

tip 효모의 먹이가 되는 몰트는 활성을 돕고 풍미를 좋게 한다.

2

믹서볼에 버터를 제외한 모든 재료를 넣고 저속 5분, 중속 1분 동안 믹싱한다.

3

버터를 넣고 중속 3분 동안 반죽이 매끄러워질 때까지 반죽한다(반죽 온도 26~27℃).

1차 발효

tip

믹싱이 완료된 반죽 상태

4

온도 30℃, 습도 85% 발효실에서 60분 동안 1차 발효시킨다.

tip 이스트의 양을 늘려 빨리 발효시키면 가볍고 부드러운 속결의 빵이 된다.

tip

1차 발효가 완료된 반죽 상태

5

300g씩 7개로 분할한다.

6

반죽을 둥글린다.

7

실온에서 15~20분 동안 중간 발효시킨다.

성형

tip

중간 발효가 완료된 반죽 상태

8

반죽을 밀대로 길게 밀어 편다.

9

3등분해서 반죽 아래를 가운데로 접는다.

10

반죽 위를 가운데로 접는다.

11

90도로 돌려 한쪽 끝을 가운데로 모아 접는다.

12

다른 한쪽 끝을 가운데로 모아 접는다.

2차 발효 > 굽기

13

밑에서부터 돌돌 만다.

14

17×12.5×12.5cm 식빵틀에 반죽의 이음매가 아래를 향하도록 2개씩 팬닝하고 온도 30℃, 습도 85% 발효실에서 틀 높이만큼 부풀 때까지 약 70분 동안 2차 발효시킨다.

15

윗불 200℃, 아랫불 200℃ 데크오븐에서 스팀 3초 주입 후 40분 또는 200℃ 컨벡션오븐에 반죽을 넣고 스팀 3초 주입 후 170℃로 낮춰 25~30분 동안 굽는다.

통밀 검정깨 베이글

WHOLE WHEAT BLACK SESAME BAGEL

재료 [14개 분량]

강력분 700g
고운통밀가루 300g
통밀 르뱅(수분 70%) 200g
→ p.20 참조
소금 18g
설탕 60g
버터 50g
생이스트 8g
물엿 40
몰트(보리 100%) 5g
물 500g
검정깨 80g
호두 분태 50g

[데치는 물]

물 1,000g
설탕 50g

주요 공정

믹싱	저속 12분 → 호두 분태 투입 → 저속 3분 / 반죽 온도 24~25℃
1차 발효	3℃ 냉장고에서 120분
분할	140g
중간 발효	실온 15분
성형	링 모양
2차 발효	26℃ 실온에서 40분
전처리	90℃ 설탕물에 데치기
굽기	**데크오븐** 230℃, 아랫불 170℃에서 스팀 주입 후 18분 **컨벡션오븐** 230℃에서 스팀 주입 후 170℃로 낮춰 15분

1

재료를 준비한다.

2

믹서볼에 호두 분태를 제외한 모든 재료를 넣고 저속으로 12분 동안 믹싱한다.

3

호두 분태를 넣고 저속으로 3분 동안 100% 믹싱한다(반죽 온도 24~25℃).

4

비닐을 덮고 3℃ 냉장고에서 120분 동안 1차 발효시킨 다음 실온으로 옮긴다.

tip

1차 발효가 완료된 반죽 상태

5

반죽 온도가 16℃가 되면 140g씩 14개로 분할한다.

6

매끈한 면이 위가 되도록 반죽을 둥글린다.

7

타원형으로 예비 성형한다.

8

실온에서 15분 동안 중간 발효시킨다.

성형

tip

중간 발효가 완료된 반죽 상태

9

밀대를 이용해 타원형으로 길게 밀어 편다.

10

90도로 돌려 위에서 아래로 둥글게 만다.

11

이음매를 잘 봉한다.

12

작업대 위에서 굴리면서 적당한 길이로 늘인다.

13

반죽의 한쪽 끝을 눌러 납작하게 편다.

14

납작하게 편 부분으로 다른 한쪽 끝을 감싼다.

15

풀리지 않게 이음매를 잘 다듬는다.

16

링 모양으로 완성한다.

17

26℃ 실온에서 비닐을 덮고 40분 동안 2차 발효시킨다.

tip

2차 발효가 완료된 반죽 상태

18

분량의 물에 설탕을 넣어 녹이고 90℃로 데운 다음 반죽을 넣는다.

19

앞뒤로 20초씩 데친다.

20

반죽을 베이킹 시트 위에 간격을 두고 올린다.

21

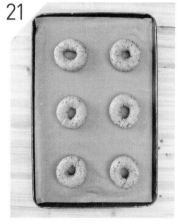

윗불 230℃, 아랫불 170℃ 데크오븐에 반죽을 넣고 스팀 3초 주입 후 18분 또는 230℃ 컨벡션오븐에서 스팀 3초 주입 후 170℃로 낮춰 15분 동안 굽는다.

통밀 올리브 푸가스
WHOLE WHEAT
OLIVE FOUGASSE

재료 [7개 분량]

강력분 800g
고운통밀가루 200g
생이스트 2g
소금 18g
통밀 르뱅(수분 100%) 200g
→ p.21 참조
몰트(보리 100%) 5g
꿀 15g
물A 700g
물B 70g
올리브오일(엑스트라버진) 30g

[속재료]

블랙올리브(슬라이스) 150g
그린올리브(슬라이스) 120g

[토핑]

그라나파다노치즈 적당량

주요 공정

믹싱	저속 5분 → 중속 3분 → 물B 투입 → 올리브오일 투입 → 속재료 투입 / 반죽 온도 26℃
1차 발효	온도 30℃, 습도 85% 발효실에서 120분 → 폴딩 → 90분
분할	300g
중간 발효	실온 30분
성형	나뭇잎 모양
2차 발효	26℃ 실온에서 40분 또는 온도 30℃, 습도 75% 발효실에서 30분
굽기	**데크오븐** 윗불 250℃, 아랫불 200℃에서 스팀 주입 후 18분 **컨벡션오븐** 230℃에서 스팀 주입 후 180℃로 낮춰 18분

1

재료를 준비한다.

2

믹서볼에 재료를 넣는다.

3

소금, 물B, 올리브오일, 속재료, 필링을
제외한 모든 재료를 넣고 저속 5분 동안
믹싱한다.

4

소금을 넣고 중속 3분 동안 믹싱한다.

5

물B를 약 3분 동안 5회에 나눠 넣는다.

6

올리브오일을 넣고 반죽이 매끄러워질
때까지 섞는다(반죽 온도 26℃).

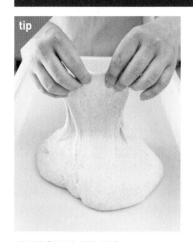

믹싱이 완료된 반죽 상태

속재료를 넣고 스크레이퍼로 자르듯이 겹치면서 손으로 섞는다.

온도 30℃, 습도 85% 발효실에서 120분 동안 발효시킨다.

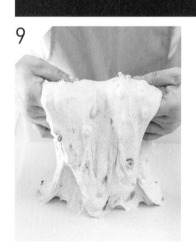

반죽의 위를 가운데로 접으면서 폴딩 한다.

반죽의 아래, 양옆을 가운데로 접으면서 폴딩한다.

다시 90분 동안 발효시킨다.

12

300g씩 7개로 분할한다.

13

두 손으로 반죽을 안으로 접어 넣으면서
표면을 매끈하게 만든다.

14

모양을 타원형으로 만든다.

15

반죽을 앞뒤로 밀면서 타원형으로 예비
성형한다.

16

실온에서 30분 동안 중간 발효시킨다.

tip

중간 발효가 완료된 반죽 상태

17

반죽을 베이킹 시트 위에 올리고 올리브
오일(분량 외)을 바른다.

18

손가락으로 누르면서 둥글게 늘여 편다.

19

토핑용 그라나파다노 치즈를 뿌리고 스
크레이퍼로 모양을 낸다.

2차 발효 ▶ **굽기**

20

적당한 크기로 늘여 편 다음 26℃ 실온
에서 40분 또는 온도 30℃, 습도 75%
발효실에서 30분 동안 2차 발효시킨다.

21

윗불 250℃, 아랫불 200℃ 데크오븐에
서 스팀을 3초 넣고 18분 또는 230℃ 컨
벡션오븐에 반죽을 넣고 스팀 3초 주입
후 180℃로 낮춰 18분 동안 굽는다.

22

뜨거울 때 표면에 붓으로 올리브 오일(분
량 외)을 바른다.

통밀 100% 프루츠 식빵
100% WHOLE WHEAT FRUIT LOAF BREAD

재료 [3개 분량]	주요 공정	

[오토리즈 반죽]

고운통밀가루 500g
물 400g

[본반죽]

오토리즈 반죽 전량
통밀 르뱅(수분 100%) 200g
→ p.21 참조
생이스트 10g
몰트(보리 100%) 4g
꿀 50g
소금 10g

[속재료]

호두 분태 60g
건크랜베리 60g
커런츠 60g
오렌지필 50g
건조열대과일 50g

[오토리즈 반죽]

믹싱	저속 2분 / 반죽 온도 20~21℃
휴지	실온 60분

[본반죽]

믹싱	저속 2분 → 소금 투입 → 저속 3분 → 중속 3분 → 속재료 투입 / 반죽 온도 26℃
1차 발효	26℃ 실온에서 80~90분
분할	500g
성형	16×8×6.5㎝ 식빵틀에 팬닝
2차 발효	온도 26℃, 습도 70% 발효실 또는 26℃ 실온에서 60~70분
굽기	**데크오븐** 윗불 200℃, 아랫불 200℃에서 스팀 투입 후 40분 **컨벡션오븐** 230℃에서 스팀 주입 후 180℃로 낮춰 40분

오토리즈 반죽

믹서볼에 통밀가루와 물을 넣고 저속으로 2분 동안 믹싱(반죽 온도 20~21℃)하고 랩을 씌운 다음 실온에서 60분 동안 휴지시킨다.

오토리즈 휴지 전의 반죽 상태

오토리즈 휴지 후의 반죽 상태. 반죽이 이완되어 잘 늘어난다.

본반죽 믹싱

오토리즈 반죽을 포함해 재료를 준비한다.

믹서볼에 소금, 속재료를 제외한 모든 재료를 넣고 저속으로 2분 동안 믹싱한다.

소금을 넣고 저속 3분, 중속 3분 동안 믹싱한다.

4

속재료를 넣고 섞는다(반죽 온도 26℃).

tip

믹싱이 완료된 반죽 상태

5

온도 26℃ 실온에서 80~90분 동안 1차 발효시킨다.

분할　성형

tip

1차 발효가 완료된 반죽 상태

6

500g씩 3개로 분할한다.

7

두 손으로 아래에서 위로 돌돌 말아준다.

8

이음매를 잘 봉한다.

9

16×8×6.5㎝ 식빵틀에 반죽의 이음매가 아래를 향하도록 팬닝한다.

10

식빵의 윗면을 평평하게 만든다.

<table>
<tr><td>2차 발효</td><td>굽기</td></tr>
</table>

11

윗면에 분무기로 물을 뿌린다.

12

통밀가루(분량 외)를 뿌리고 온도 26℃, 습도 70% 발효실 또는 26℃ 실온에서 비닐을 덮고 60~70분 동안 틀 윗부분까지 2차 발효시킨다.

13

윗불 200℃, 아랫불 200℃ 데크오븐에 반죽을 넣고 스팀 5초 주입 후 40분 또는 230℃ 컨벡션오븐에서 스팀 3초 주입 후 180℃로 낮춰 40분 동안 굽는다.

통밀 건포도 캉파뉴

WHOLE WHEAT RAISIN PAIN DE CAMPAGNE

재료 [8개 분량]		주요 공정	

[통밀 탕종]

고운통밀가루 100g
물 200g
소금 2g

[풀리시]

프랑스밀가루 250g
(T55, 밀 100%)
거친통밀가루 50g
물 300g
생이스트 3g

[본반죽]

통밀 탕종 200g
풀리시 반죽 전량
프랑스밀가루 210g
(T55, 영양강화)
거친통밀가루 250g
생이스트 6g
소금 14g
건포도 액종 80g
→ p.26 참조
통밀 르뱅(수분 70%) 200g
→ p.20 참조
물 160g
커런츠 200g

[풀리시]

휴지	실온 30분 / 완성 온도 26℃
발효	25℃ 실온에서 120분 → 3℃ 냉장고에서 16시간

[본반죽]

믹싱	저속 5분 → 중속 5분 → 커런츠 투입 / 반죽 온도 24~25℃
1차 발효	26℃ 실온에서 70분 → 폴딩 → 50분
분할	240g
중간 발효	실온 30분
성형	럭비공 모양
2차 발효	온도 26℃, 습도 80% 발효실 또는 26℃ 실온에서 60분
굽기	**데크오븐** 윗불 250℃, 아랫불 220℃에서 스팀 주입 후 22분 **컨벡션오븐** 250℃에서 스팀 주입 후 190℃로 낮춰 20분

1

통밀 탕종*, 풀리시*를 포함한 재료를 준비한다.

tip 건포도 액종을 사용하면 발효력이 한층 안정되고 건포도의 향과 맛을 더할 수 있다.

2

믹서볼에 커런츠를 제외한 모든 재료를 넣고 저속 5분, 중속 5분 동안 믹싱한다 (반죽 온도 24~25℃).

tip

믹싱이 완료된 반죽 상태

1차 발효·폴딩

3

커런츠를 넣고 스크레이퍼로 자르듯이 겹치면서 손으로 섞는다.

4

26℃ 실온에서 70분 동안 발효시킨다.

5

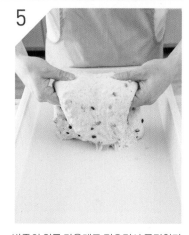

반죽의 위를 가운데로 접으면서 폴딩한다.

*

통밀 탕종 만들기

1 통밀가루는 전자레인지 또는 오븐에서 70℃로 따뜻하게 데운다.

2 물과 소금을 끓인 다음 믹서볼에 ①과 함께 넣고 비터의 고속으로 1분 동안 믹싱한다(반죽 온도85℃).

3 완전히 식힌 다음 사용한다(냉장 보관 3일).

6

반죽의 아래, 양옆을 가운데로 접으면서
폴딩한다.

7

다시 50분 동안 발효시킨다.

8

240g씩 8개로 분할한다.

9

두 손으로 반죽 표면을 매끈하게 만들면
서 둥글린다.

10

실온에서 30분 동안 중간 발효시킨다.

11

반죽을 손바닥으로 가볍게 눌러 타원형
으로 늘여 펴고 아래에서 위로 만다.

*

풀리시 반죽 만들기(p.106 참조)

1 믹서볼에 모든 재료를 넣고 주걱으로 잘 섞는다.

2 랩을 씌우고 실온에서 30분 동안 휴지시킨 다음 주걱으로 가볍게 섞어 수화시킨다(완성 온도 26℃).

3 25℃ 실온에서 120분 동안 발효시킨 다음 3℃ 냉장고에서 16시간 동안 발효시킨다.

12

동그랗게 말면서 럭비공 모양으로 성형하고 이음매를 잘 다듬는다.

13

통밀을 뿌린 캔버스 천 위에 이음매가 위를 향하도록 올리고 온도 26℃, 습도 80% 발효실 또는 온도 26℃ 실온에서 비닐을 덮고 60분 동안 2차 발효시킨다.

tip

2차 발효가 완료된 반죽 상태

굽기

14

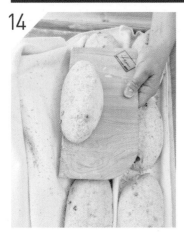

베이킹 시트 위에 간격을 두고 올린다.

15

X자 모양으로 칼집을 넣는다.

16

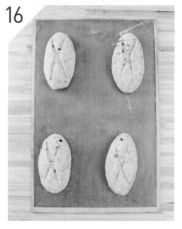

윗불 250℃, 아랫불 220℃ 데크오븐에서 스팀 2~3초 주입 후 22분 또는 250℃ 컨벡션오븐에 반죽을 넣고 스팀 3초 주입 후 190℃로 낮춰 20분 동안 굽는다.

RYE
LEVAIN

호밀 르뱅을 사용한 빵

호밀 르뱅은 호밀 특유의 향과 맛이 나기 때문에 다른 르뱅에 비해 사용 범위가 좁다. 이 책에서는 수분 80% 호밀 르뱅과 수분 55% 호밀 르뱅 2가지를 사용했으며, 입자가 고운 호밀가루로 리프레시를 했다. 호밀 르뱅은 영양분이 풍부해 발효력이 안정적이고 강한 편이다.

곡물 시드 캉파뉴

CEREAL SEED PAIN DE CAMPAGNE

재료 [6개 분량]	주요 공정

[묵은 반죽]

강력분 600g
생이스트 4g
물 400g
소금 10g

[반죽]

묵은 반죽 400g
강력분 900g
다크호밀가루 100g
생이스트 3g
호밀 르뱅(수분 80%) 200g
→ p.22 참조
몰트(보리 100%) 5g
물 750g
소금 18g

[속재료]

볶은 해바라기씨 50g
볶은 호박씨 50g
볶은 아마씨 15g
햄프시드 40g
치아시드 10g
삶은 귀리 100g

[묵은 반죽]

믹싱	저속 8분 → 중속 3분 / 반죽 온도 26~27℃
발효	실온 60분 → 냉장 16시간

[반죽]

믹싱	저속 5분 → 중속 1분 → 소금 투입 → 중속 5분 → 속재료 투입 / 반죽 온도 25~26℃
1차 발효	온도 26℃, 습도 85%에서 80분 → 폴딩 → 60분
분할	438g
중간 발효	실온 30분
성형	럭비공 모양
2차 발효	온도 25℃, 습도 70% 발효실 또는 25℃ 실온에서 60분
굽기	**데크오븐** 윗불 250℃, 아랫불 220℃에서 스팀 주입 후 28분 **컨벡션오븐** 250℃에서 스팀 주입 후 190℃로 낮춰 25분

1

재료를 준비한다. 몰트는 분량의 물에 풀어 사용한다.

tip 효모의 먹이가 되는 몰트는 활성을 돕고 풍미를 좋게 한다.

2

믹서볼에 소금, 속재료를 제외한 모든 재료를 넣고 저속 5분, 중속 1분 동안 믹싱한다.

tip 묵은 반죽을 사용하면 발효력과 풍미가 한층 더 좋아진다.

3

소금을 넣고 중속으로 5분 동안 믹싱한 다음 속재료*를 넣는다.

4

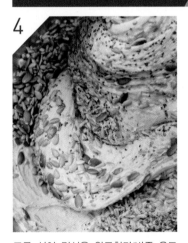

고루 섞어 믹싱을 완료한다(반죽 온도 25~26℃).

5

온도 26℃, 습도 85% 발효실에서 80분 동안 발효시킨다.

6

반죽의 위를 가운데로 접으면서 폴딩한다.

---

*

속재료 전처리

1 해바라기씨, 호박씨, 아마씨는 150℃ 오븐에서 7분 동안 구운 다음 찬물에 담가 하루 동안 냉장고에서 불린다.

2 귀리는 하루 전 찬물에 불려서 익을 정도로 삶는다.

7

반죽의 아래, 양옆을 가운데로 접으면서
폴딩한다.

8

다시 60분 동안 발효시킨다.

tip

1차 발효가 완료된 반죽 상태

분할

9

438g씩 6개로 분할한다.

10

두 손으로 반죽을 안으로 접어 넣으면서
표면을 매끈하게 둥글린다.

11

실온에서 30분 동안 중간 발효시킨다.

tip

중간 발효가 완료된 반죽 상태

12

반죽을 손바닥으로 가볍게 눌러준 다음 위에서 아래로 가운데까지 접는다.

13

반죽의 오른쪽 위 끄트머리를 가운데로 당겨 접는다.

14

반죽의 왼쪽 위 끄트머리를 가운데로 당겨 접는다.

15

머리를 땋듯이 양옆 반죽을 가운데로 당겨 접는다.

16

아래 반죽을 가운데로 당겨 접는다.

2차 발효

17

반죽을 아래에서 위로 동일한 방향으로 두 번 연달아 말면서 타원형으로 성형하고 이음매를 잘 봉한다.

18

캔버스 천 위에 이음매가 위를 향하도록 간격을 두고 올리고 온도 25℃, 습도 70% 발효실 또는 25℃ 실온에서 비닐을 덮고 60분 동안 2차 발효시킨다.

tip

2차 발효가 완료된 반죽

굽기

19

반죽을 베이킹 시트 위에 간격을 두고 올린다.

20

사선으로 칼집을 넣는다.

21

윗불 250℃, 아랫불 220℃ 데크오븐에서 스팀 3초 주입 후 28분 또는 250℃ 컨벡션오븐에 반죽을 넣고 스팀 3초 주입 후 190℃로 낮춰 25분 동안 굽는다.

말차 팥 세이글
MATCHA
& RED BEAN
PAIN DE SEIGLE

재료 [5개 분량]		

물 550g
소금 18g
프랑스밀가루 600g
(T55, 밀 100%)
고운호밀가루 75g
다크호밀가루 75g
말차 18g
생이스트 8g
호밀 르뱅(수분 80%) 300g
→ p.22 참조

[필링]

통팥앙금 330g(개당 66g)

주요 공정	
믹싱	저속 5분 → 중속 1분 / 반죽 온도 27℃
1차 발효	26℃ 실온에서 50분
분할	325g
중간 발효	실온 15분
성형	타원형
2차 발효	26℃ 실온에서 50분
굽기	데크오븐 윗불 250℃, 아랫불 210℃에서 스팀 주입 후 23분 컨벡션오븐 250℃에서 스팀 주입 후 190℃로 낮춰 23분

1

재료를 준비한다. 소금은 분량의 물에 풀어 사용한다.

2

믹서볼에 필링을 제외한 모든 재료를 넣는다.

3

저속 5분, 중속 1분 동안 믹싱하고 사각통에 담는다(반죽 온도 27℃).

1차 발효　　　　　　　　　　　　**분할**

4

26℃ 실온에서 비닐을 덮고 50분 동안 발효시킨다.

tip

1차 발효가 완료된 반죽 상태

5

325g씩 5개로 분할한다.

6	7	8

두 손으로 반죽을 안으로 접어 넣으면서 표면을 매끈하게 만든다.

반죽을 앞뒤로 밀면서 타원형으로 예비 성형한다.

실온에서 15분 동안 중간 발효시킨다.

성형

9	10	11

손바닥으로 가볍게 타원형으로 눌러 펴고 통팥앙금을 개당 33g씩 두 줄, 총 66g을 짠다.

반죽을 아래에서 위로 통팥앙금 한 줄이 덮이게 반으로 접는다.

동일한 방향으로 연달아서 한 번 더 접는다.

12

이음매를 잘 봉한다.

13

밀가루(분량 외)를 뿌린 캔버스 천 위에 이음매가 위를 향하도록 올리고 26℃ 실온에서 비닐을 덮고 50분 동안 2차 발효 시킨다.

tip

2차 발효가 완료된 반죽 상태

굽기

14

베이킹 시트 위에 간격을 두고 올린다.

15

칼집을 넣어 모양을 낸다.

16

윗불 250℃, 아랫불 210℃ 데크오븐에 반죽을 넣고 스팀 5초 주입 후 23분 또는 250℃ 컨벡션오븐에 반죽을 넣고 스팀 3초 주입 후 190℃로 낮춰 23분 동안 굽는다.

허니 고르곤졸라 호밀빵

HONEY &
GORGONZOLA
RYE BREAD

재료 [18개 분량]	주요 공정	
프랑스밀가루 900g (T55, 밀 100%)	**믹싱**	저속 7~8분 / 반죽 온도 26~27℃
고운호밀가루 100g		
몰트(보리 100%) 5g	**1차 발효**	26℃ 실온에서 50분 → 폴딩 → 40분
호밀 르뱅(수분 80%) 200g → p.22 참조		
생이스트 6g	**분할**	100g
소금 18g		
물 650g	**중간 발효**	실온 15분
	성형	말발굽 모양
[필링]		
까망베르치즈(액상) 적당량	**2차 발효**	온도 26℃, 습도 70% 발효실 또는 26℃ 실온에서 40분
고르곤졸라 피칸테 144g		
모짜렐라슈레드치즈 216g	**굽기**	**데크오븐** 윗불 250℃, 아랫불 190℃에서 스팀 주입 후 15분
체다슈레드치즈 216g		**컨벡션오븐** 250℃에서 스팀 주입 후 230℃로 낮춰 15분

1

재료를 준비한다. 몰트는 분량의 물에 풀어 사용한다.

tip 효모의 먹이가 되는 몰트는 활성을 돕고 풍미를 좋게 한다.

2

믹서볼에 필링을 제외한 모든 재료를 넣고 저속으로 7~8분 동안 믹싱한다(반죽 온도 26~27℃).

3

26℃ 실온에서 50분 동안 발효시킨다.

4

반죽의 위를 가운데로 접으면서 폴딩한다.

5

반죽의 아래, 양옆을 가운데로 접으면서 폴딩한다.

6

다시 40분 동안 발효시킨다.

1차 발효가 완료된 반죽 상태

100g씩 18개로 분할한다.

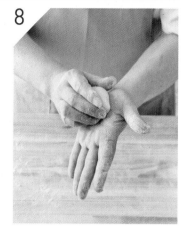

손바닥 위에서 둥글린다.

반죽을 앞뒤로 밀면서 타원형으로 예비
성형한다.

실온에서 15분 동안 중간 발효시킨다.

중간 발효가 완료된 반죽 상태

11

밀대를 이용해 반죽을 타원형으로 길게 밀어 편다.

12

반죽을 90도로 돌린다.

13

액상형 까망베르치즈를 1줄 짠다.

14

나머지 치즈 필링을 함께 섞어 30g씩 올린다.

15

치즈를 반죽으로 감싸면서 막대형으로 성형한다.

16

이음매를 잘 봉한다.

17

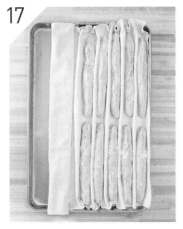

캔버스 천 위에 올리고 온도 26℃, 습도 70% 발효실 또는 26℃ 실온에서 비닐을 덮고 40분 동안 2차 발효시킨다.

tip

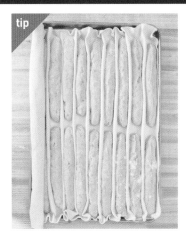

2차 발효가 완료된 반죽

18

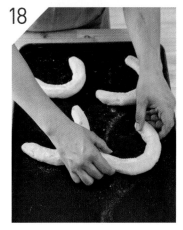

철판에 간격을 두고 옮긴 다음 말발굽 모양으로 구부린다.

19

표면에 칼집을 한 줄 넣는다.

20

윗불 250℃, 아랫불 190℃ 데크오븐에서 스팀 주입 후 15분 또는 250℃ 컨벡션오븐에 반죽을 넣고 스팀 3초 주입 후 230℃로 낮춰 15분 동안 굽는다.

21

벌어진 윗면 부분에 꿀(분량 외)을 짠다.

RYE LEVAIN
호밀 르뱅을 사용한 빵

팽 드 세이글
PAIN DE SEIGLE

재료 [4개 분량]	주요 공정

[호밀 사워종]

호밀 르뱅(수분 55%) 30g
→ p.23 참조
소금 10g
몰트(보리 100%) 3g
물 340g
초강력분 250g
고운호밀가루 250g

[호밀 사워종]

믹싱	손반죽 또는 저속 4분 / 반죽 온도 26℃
발효	온도 26℃ 실온에서 12~14시간

[본반죽]

호밀 사워종 전량
물 500g
소금 12g
프랑스밀가루 100g
(T55, 밀 100%)
고운호밀가루 500g
다크호밀가루 100g
생이스트 2g

[본반죽]

믹싱	저속 7분 / 반죽 온도 27℃
1차 발효	40분
분할	640g
성형	타원형
2차 발효	26~27℃ 실온에서 70~80분
굽기	데크오븐 윗불 250℃, 아랫불 250℃에서 스팀 주입 후 아랫불 210℃로 낮춰 35분 컨벡션오븐 250℃에서 스팀 주입 후 190℃로 낮춰 30분

1

볼에 호밀 르뱅을 넣고 소금, 몰트를 푼
물을 넣는다.
tip 호밀가루는 영양분이 많아 과발효 되기 쉬
우므로 소금을 넣어 발효를 억제한다.

2

거품기로 잘 섞는다.

tip

잘 섞이지 않는 단단한 호밀 르뱅은 손으
로 풀어준다.

3

호밀가루를 넣고 손반죽 또는 저속으로
4분 동안 믹싱한다(반죽 온도 26℃).

4

호밀가루(분량 외)를 표면에 뿌린다.

tip

26℃ 실온에서 12~14시간 동안 발효시
킨다.

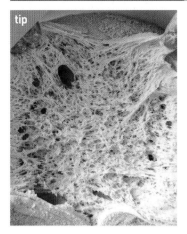

발효가 완료된 반죽 상태

1

본반죽 재료를 준비한다. 소금은 분량의 물에 풀어 사용한다.

2

믹서볼에 모든 재료를 넣고 저속으로 7분 동안 믹싱한다(반죽 온도 27℃).

1차 발효 　　분할·성형

3

사각통에 담고 실온에서 40분 동안 1차 발효시킨다.

4

640g씩 4개로 분할한다.

5

반죽을 가운데로 모아 접으면서 표면을 매끈하게 만든다.

6

반죽을 굴리면서 모양을 잡는다.

7

타원형으로 모양을 만든다.

8

호밀(분량 외)를 뿌린 반느통에 이음매가 위를 향하도록 넣는다.

tip 반느통이 없다면 둥글리기 한 다음 베이킹 시트 위에 올린다.

> **2차 발효**

9

윗면을 손바닥을 이용해 살짝 누르면서 평평하게 만든다.

10

26~27℃ 실온에서 70~80분 동안 2차 발효시킨다.

tip

2차 발효가 완료된 반죽 상태

11

베이킹 시트 위에 반느통을 엎어 반죽을 올린다.

12

격자무늬로 칼집을 낸다.

13

윗불 250℃, 아랫불 250℃ 데크오븐에 반죽을 넣고 스팀 5초 주입 후 아랫불을 210℃로 낮춰 35분 또는 250℃ 컨벡션 오븐에 반죽을 넣고 스팀 3초 주입 후 190℃로 낮춰 30분 동안 굽는다.

호밀 80% 펌퍼니클
80% RYE PUMPERNICKEL

재료 [4개 분량]	주요 공정	

[호밀 탕종]

고운호밀가루 500g
다크호밀가루 100g
몰트(보리 100%) 7g
물 780g
소금 16g
다크말쯔 15g

[호밀 탕종]

믹싱	온도 80℃ / 반죽 온도 50~55℃

[본반죽]

호밀 탕종 전량
물(30℃) 20g
생이스트 10g
프랑스밀가루 150g
(T55, 밀 100%)
호밀 르뱅(수분 80%) 375g
→ p.22 참조

[본반죽]

믹싱	저속 → 속재료 투입 → 저속
분할	500g
팬닝	16×8×6.5㎝ 틀
발효	26℃ 실온에서 120분
굽기	**데크오븐** 윗불 210℃, 아랫불 210℃에서 스팀 주입 후 45분 **컨벡션오븐** 250℃에서 스팀 주입 후 190℃로 낮춰 35분

[속재료]

삶은 귀리 100g
삶은 현미 100g
호박씨 50g
해바라기씨 80g
건포도 80g

1

재료를 준비한다.

tip 다크말쯔(수입사_베이크플러스)는 태운 몰트 100% 제품으로 발효를 돕고 먹음직스 러운 색상과 풍미를 좋게 한다.

2

호밀가루 이외의 재료를 냄비에 모두 넣 고 80℃까지 끓인다.

3

믹서볼에 ①, ②를 넣고 비터로 믹싱한다.

4

반죽 온도는 50~55℃에 맞춘다.

1

호밀 탕종을 35℃까지 식힌다.

tip 호밀을 호화시킨 탕종을 넣으면 빵의 푸석 함이 덜하고 촉촉함이 오래 간다.

2

호밀 탕종에 30℃ 물에 푼 생이스트, 밀 가루, 르뱅을 넣고 저속으로 반죽이 섞일 때까지 믹싱한다.

3 속재료*를 넣고 충분히 섞일 때까지 저속으로 믹싱한다.

4 작업대 위에 호밀가루(분량 외)를 충분히 뿌리고 반죽을 500g씩 분할한 다음 한 덩어리로 뭉친다.

5 반죽을 굴려 타원형으로 만든다.

6 16×8×6.5㎝ 틀에 팬닝하고 윗면을 평평하게 만든다.

7 윗면에 호밀가루(분량 외)를 충분히 뿌리고 26℃ 실온에서 120분 동안 팬 높이만큼 부풀 때까지 발효시킨다.

8 윗불 210℃, 아랫불 210℃ 데크오븐에 넣고 스팀 5초 주입 후 45분 또는 250℃ 컨벡션오븐에 반죽을 넣고 스팀 3초 주입 후 190℃로 낮춰 35분 동안 굽는다.

＊
속재료 전처리

1 귀리, 현미는 하루 전 찬물에 불려서 익을 정도로 삶는다.
2 호박씨, 해바라기씨는 150℃ 오븐에서 7분 동안 구운 다음 찬물에 담가 하루 동안 냉장고에서 불린다.
3 건포도는 따뜻한 물에 5분 동안 불린 다음 물기를 제거한다.

PURE LEVAIN

1 0 0 % 르뱅을 사용한 빵

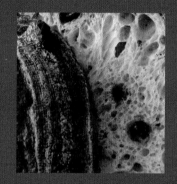

이 챕터에서는 이스트를 일절 사용하지 않고 천연발효종만으로 빵을 만들기 때문에 1, 2차 발효 시간이
길고 폴딩을 2번 이상 해서 반죽에 탄력을 더하는 과정을 거친다. 르뱅은 화이트, 통밀, 삼곡 등 각 제품에
적합한 종류를 골라 다양하게 사용한다.

화이트 프레첼
WHITE PRETZEL

재료 [11개 분량]	주요 공정	

[르뱅]

물(27℃) 195g
화이트 르뱅(수분 65%) 20g
→ p.18 참조
강력분 300g

[본반죽]

르뱅 전량
강력분 700g
설탕 10g
버터 30g
소금 18g
물 375g

[염기성 용액]

가성소다 50g
물(70℃) 1,000g

[르뱅]

믹싱	손반죽 또는 저속 5분
발효	26~27℃ 실온에서 16~18시간

[본반죽]

믹싱	저속 12~15분 / 반죽 온도 25℃
1차 발효	26℃ 실온에서 120분
분할	150g
중간 발효	냉동 보관 → 냉장고에서 반죽 온도 3℃ → 실온에서 반죽 온도 8~10℃
성형	리본형
휴지	냉동 40분
굽기	**데크오븐** 윗불 250℃, 아랫불 190℃에서 스팀 주입 후 14분 **컨벡션오븐** 190℃에서 12분

1

볼에 물과 화이트 르뱅을 넣는다.

2

거품기로 잘 푼다.

3

강력분을 넣고 주걱으로 섞는다.

본반죽 믹싱

4

손으로 반죽을 치대거나(소량일 경우) 저속으로 5분 동안 믹싱한다.

5

볼 주변을 깨끗하게 정리하고 랩을 씌워 26~27℃에서 16~18시간 발효시킨다.
tip 발효는 반죽의 양과 온도에 따라 달라지므로 주의 깊게 살핀다.

1

본반죽 재료를 준비한다.

믹서볼에 모든 재료를 넣고 저속으로 12~15분 동안 믹싱한다(반죽 온도 25℃)

반죽을 반죽통에 담고 비닐에 넣거나 씌운다.

26℃ 실온에서 120분 동안 발효시킨다.

분할

1차 발효가 완료된 반죽 상태

150g씩 11개로 분할한다.

반죽 표면을 매끈하게 만들면서 타원형으로 예비 성형한다.

7

반죽을 비닐에 넣거나 씌워 냉동 보관
한다.

8

사용하기 하루 전에 냉장고로 옮겨 3℃
까지 해동한다.

9

실온에 꺼내 반죽 온도가 8~10℃가 되
면 밀대로 길게 밀어 편다.

10

반죽을 90도 돌리고 위에서 아래로 돌돌
만다.

11

두 손으로 반죽을 굴려가며 길게 늘인다

12

반죽 다리를 X자로 꼰다.

13

다리를 한 번 더 꼰다.

14

다리 양끝을 반죽 몸통에 붙이면서 프레첼 모양으로 성형한다.

15

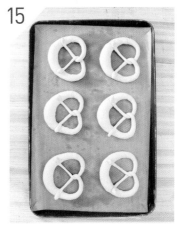

베이킹 시트 위에 간격을 두고 올리고 냉동고에서 40분 동안 휴지시킨다.

굽기

16

염기성 용액*에 5초 동안 담근다.

17

베이킹 시트 위에 간격을 두고 올리고 반죽이 단단할 때 몸통 부분에 칼집을 깊게 넣는다.

18

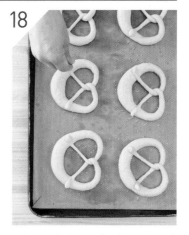

펄솔트(분량 외)를 뿌리고 윗불 250℃, 아랫불 190℃ 데크오븐에 넣고 스팀 1초 주입 후 14분 또는 190℃ 컨벡션오븐에 반죽을 넣고 12분 동안 굽는다.

tip 펄솔트는 입자가 크고 두꺼워 오븐에 구워도 타지 않는다.

*

염기성 용액

1 스테인리스 볼에 가성소다, 70℃의 물을 넣고
거품기로 잘 섞은 다음 식혀서 사용한다.

tip 차가운 곳에 보관 후 재사용이 가능하다. 염기성 용액을 다룰 때는
통풍이 잘 되는 곳에서 고무장갑과 마스크를 착용하고 작업한다.

세몰리나 살구 브레드
APRICOT
SEMOLINA BREAD

| 재료 [5개 분량] | 주요 공정 |

[르뱅]

물 50g
삼곡 르뱅(수분 110%) 100g
→ p.24 참조
초강력분 100g

[본반죽]

르뱅 전량
강력분 900g
세몰리나 100g
몰트(보리 100%) 5g
물A 720g
소금 20g
물B 50g

[살구 필링]

건살구 1,000g
시럽(물:설탕=1:1) 80g
살구 리큐르 100g

[르뱅]

믹싱	손반죽 또는 저속 4분 → 중속 2분
발효	26~27℃ 실온에서 16~18시간

[본반죽]

믹싱	저속 5분 → 중속 1분 → 소금 투입 → 중속 3분 → 물B 투입 / 반죽 온도 25℃
1차 발효	26~27℃ 실온에서 60분 → 폴딩 → 60분 → 폴딩 → 90~120분
분할	420g
중간 발효	실온 30분
성형	타원형
2차 발효	26~27℃ 실온 30~50분 → 냉장 12~16시간
굽기	**데크오븐** 윗불 250℃, 아랫불 250℃에서 스팀 주입 후 아랫불 210℃로 낮춰 30분 **컨벡션오븐** 250℃에서 스팀 주입 후 210℃로 낮춰 25~28분

1

볼에 물과 삼곡 르뱅을 넣고 거품기로 잘 푼다.

2

초강력분을 넣고 주걱으로 잘 섞거나(소량일 경우) 또는 저속 4분, 중속 2분 동안 믹싱한다.

1

본반죽 재료를 준비한다. 몰트는 분량의 물에 풀어 사용한다.

tip 효모의 먹이가 되는 몰트는 활성을 돕고 풍미를 좋게 한다.

2

믹서볼에 소금, 물B를 제외한 모든 재료를 넣고 저속 5분, 중속 1분 동안 믹싱한다.

3

소금을 넣고 중속으로 3분 동안 믹싱한 다음 물B를 5회에 나눠 넣으면서 100% 믹싱한다(반죽 온도 25℃).

4

26~27℃ 실온에서 60분 동안 발효시킨다.

5

반죽의 아래, 양옆을 가운데로 접으면서
폴딩한다.

6

④, ⑤의 과정을 한 번 더 반복한 다음 실
온에서 90~120분 동안 발효시킨다.

tip

1차 발효가 완료된 반죽 상태

분할

7

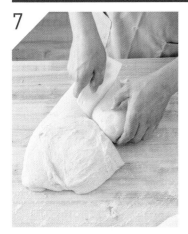

420g씩 5개로 분할한다.

8

가볍게 둥글려 실온에서 30분 동안 중간
발효시킨다.

tip

중간 발효가 완료된 반죽 상태

반죽을 가볍게 눌러 펴고 가운데에 살구* 60g을 올린다.

한쪽 반죽을 가운데로 접는다.

다른 한쪽 반죽을 가운데로 살짝 겹쳐 접는다.

다시 살구 40g을 올린다.

위에서 아래로 동그랗게 만다.

이음매를 잘 봉한다.

*
살구 필링 전처리

1 냄비에 건살구, 물(분량 외)을 넣고 5분 동안 끓인 다음 물기를 제거하고 식힌다.

2 물과 설탕을 1:1로 끓인 시럽, 살구 리큐르를 넣고 섞어 최소 하루 동안 숙성시켜 사용한다.
여기서 필요한 분량은 500g이다.

15

반죽의 이음매가 위로 향하게 반느통에
넣는다.

16

26~27℃ 실온에서 30~50분 동안 발효
시킨 다음 다시 3~5℃ 냉장고에서
12~16시간 동안 발효시킨다.

tip

2차 발효가 완료된 반죽 상태

굽기

17

베이킹 시트 위에 간격을 두고 반죽을 엎
어 올린다.

18

X자로 칼집을 넣는다.

19

윗불 250℃, 아랫불 250℃ 데크오븐에
반죽을 넣고 스팀 5초 주입 후 아랫불을
210℃로 낮춰 30분 또는 250℃ 컨벡션
오븐에 반죽을 넣고 스팀 5초 주입 후
210℃로 낮춰 25~28분 동안 굽는다.

밤 피칸 호밀빵

CHESTNUT
& PECAN
RYE BREAD

재료 [12개 분량]	주요 공정

[르뱅]

물 210g
삼곡 르뱅(수분 110%) 20g
→ p.24 참조
강력분 150g
고운호밀가루 150g

[본반죽]

르뱅 전량
영양강화밀가루 700g
물 550g
몰트(보리 100%) 5g
소금 20g

[필링]

통밤(보늬밤) 36개
피칸 60g

[르뱅]

믹싱	손반죽 또는 저속 5분
발효	25~26℃에서 12~18시간 또는 실온에서 50% 발효 후 냉장 16시간

[본반죽]

믹싱	저속 5분 → 중속 1분 → 소금 투입 → 중속 5분 / 반죽 온도 25℃
1차 발효	26~27℃ 실온에서 60분 → 폴딩 → 60분 → 폴딩 → 60분 → 폴딩 → 3℃ 냉장고에서 16시간
분할	150g
중간 발효	실온 30분
성형	막대형
2차 발효	온도 26℃, 습도 70% 발효실 또는 26~27℃ 실온에서 60분
굽기	**데크오븐** 윗불 250℃, 아랫불 210℃에서 스팀 주입 후 18분 **컨벡션오븐** 250℃에서 스팀 주입 후 210℃로 낮춰 16~18분

1

볼에 물과 삼곡 르뱅을 넣는다.

2

거품기로 잘 푼다.

3

강력분, 호밀가루를 넣는다.

4

주걱으로 충분히 잘 섞는다.

5

손으로 반죽을 치대거나(소량일 경우) 저속으로 5분 동안 믹싱한다.

6

볼 주변을 깨끗하게 정리하고 반죽 표면에 호밀가루(분량 외)를 뿌린 다음 랩을 씌워 25~26℃에서 12~18시간 또는 실온에서 50% 정도 발효시킨 다음 냉장고에서 16시간 발효시킨다.

1

믹서볼에 소금을 제외한 모든 재료를 넣고 저속 5분, 중속 1분 동안 믹싱한다.

2

소금을 넣고 중속으로 5분 동안 믹싱한다(반죽 온도 25℃).

3

26~27℃ 실온에서 60분 동안 발효시킨 다음 아래위, 양옆을 가운데로 접으면서 4면을 폴딩한다. 동일한 과정을 2번 더 반복한다.

4

비닐을 덮고 3℃ 냉장고에서 16시간 동안 발효시킨 다음 실온으로 옮긴다.

tip

1차 발효가 완료된 반죽 상태

5

반죽 온도가 16℃가 되면 150g씩 12개로 분할한다.

6

스크레이퍼를 이용해 반죽을 둥글린다.
tip 부드러운 반죽이므로 스크레이퍼를 이용해 반죽의 손상을 최소화한다.

7

반죽을 타원형으로 예비 성형한다.

8

실온에서 30분 동안 중간 발효시킨다.

성형

9

반죽 가운데 통밤 3개를 나란히 올린다.

10

피칸을 5g(약 4개)씩 올린다.

11

통밤과 피칸을 덮어씌우듯이 반죽을 싼다.

12

이음매를 잘 봉한다.

13

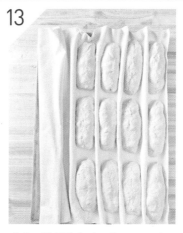

캔버스 천 위에 올리고 온도 26℃, 습도 70% 발효실 또는 26~27℃ 실온에서 비닐을 덮어 60분 동안 2차 발효시킨다.

tip

2차 발효가 완료된 반죽

굽기

14

반죽을 베이킹 시트 위에 간격을 두고 올린다.

15

사선으로 2개의 칼집을 넣는다.

16

윗불 250℃, 아랫불 210℃ 데크오븐에서 스팀 주입 후 18분 또는 250℃ 컨벡션오븐에 반죽을 넣고 스팀 3초 주입 후 210℃로 낮춰 16~18분 동안 굽는다.

건포도 검정깨 브레드
RAISIN & BLACK SESAME BREAD

재료 [5개 분량]		주요 공정	

프랑스밀가루(T65) 500g
초강력분 400g
다크호밀가루 100g
검정깨 20g
건포도 르뱅(수분 65%) 300g
→ p.28 참조
물A 730g
몰트(보리 100%) 5g
소금 21g
물B 50g
건포도 200g

믹싱	저속 5분 → 소금 투입 → 중속 2분 → 물B 투입 → 건포도 투입 / 반죽 온도 25℃
1차 발효	26℃ 실온에서 60분 → 폴딩 → 60분 → 폴딩 → 90~120분
분할	460g
중간 발효	실온 30분
성형	럭비공 모양
2차 발효	25℃ 실온에서 30~60분 → 3℃ 냉장고에서 12~16시간
굽기	**데크오븐** 윗불 250℃, 아랫불 250℃에서 스팀 주입 후 아랫불 210℃로 낮춰 30분 **컨벡션오븐** 250℃에서 스팀 주입 후 210℃로 낮춰 25~28분

1

재료를 준비한다. 몰트는 분량의 물에 풀
어 사용한다.

tip 효모의 먹이가 되는 몰트는 활성을 돕고
풍미를 좋게 한다.

2

믹서볼에 소금, 물B, 건포도를 제외한 모
든 재료를 넣고 저속으로 5분 동안 믹싱
한다.

3

소금을 넣고 중속으로 2분 동안 믹싱한
다음 물B를 4회에 나눠 넣으면서 100%
믹싱한다(반죽 온도 25℃).

1차 발효·폴딩

4

건포도를 넣고 섞는다.

5

26℃ 실온에서 60분 동안 발효시킨다.

tip

폴딩 전의 반죽 상태

6

반죽의 아래, 양옆을 가운데로 접으면서
폴딩한다.

7

⑤, ⑥의 과정을 한 번 더 반복한 다음
90~120분 동안 발효시킨다.

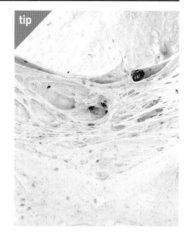

tip

1차 발효가 완료된 반죽 상태

분할

8

460g씩 5개로 분할한다.

9

가볍게 둥글려 표면을 매끈하게 만든다.

10

실온에서 30분 동안 중간 발효시킨다.

tip

중간 발효가 완료된 반죽 상태

11

반죽을 가볍게 눌러 펴고 위에서 아래로 1/3 정도를 접는다.

12

반죽의 한쪽 귀퉁이를 가운데로 접는다.

13

다른 한쪽 귀퉁이를 가운데로 겹쳐 접는다.

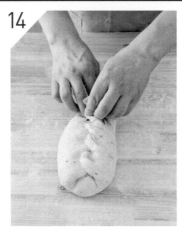

14

양옆 반죽을 머리를 땋듯이 땋아준다.

15

반죽을 위에서 아래로 말아준 다음 럭비 공 모양으로 성형한다.

16

이음매가 위를 향하도록 반느통에 넣는다.

17

25℃ 실온에서 30~60분 발효 후 다시 3℃ 냉장고에서 12~16시간 동안 2차 발효시킨다.

tip

2차 발효가 완료된 반죽 상태

굽기

18

베이킹 시트 위에 간격을 두고 반죽을 엎어 올린다.

19

가운데 한줄로 칼집을 넣는다.

20

윗불 250℃, 아랫불 250℃ 데크오븐에 반죽을 넣고 스팀 5초 주입 후 아랫불을 210℃로 낮춰 30분 또는 250℃ 컨벡션 오븐에 반죽을 넣고 스팀 3초 주입 후 210℃로 낮춰 25~28분 동안 굽는다.

오트밀 통밀빵
OATMEAL
WHOLE WHEAT
BREAD

재료 [5개 분량]	주요 공정

[오트밀 탕종]

오트밀 100g
따뜻한 물 300g

[르뱅]

물 140g
통밀 르뱅(수분 70%) 10g
→ p.20 참조
고운통밀가루 200g

[본반죽]

오트밀 탕종 전량
르뱅 전량
영양강화밀가루 700g
프랑스밀가루 300g
(T55, 밀 100%)
물 750g
소금 22g

[르뱅]

믹싱	손반죽 또는 저속 3분 → 중속 2분
발효	26℃ 실온에서 12~16시간

[본반죽]

믹싱	저속 5분 → 중속 1분 → 소금 투입 → 중속 2분 → 오트밀 탕종 투입 → 중속 4분 / 반죽 온도 23~25℃
1차 발효	26~27℃ 실온에서 60분 → 폴딩 → 60분 → 폴딩 → 90~120분
분할	460g
중간 발효	실온 30분
성형	럭비공 모양
2차 발효	25℃ 실온에서 30~60분 → 3℃ 냉장고에서 12~16시간
굽기	**데크오븐** 윗불 250℃, 아랫불 250℃에서 스팀 주입 후 아랫불 210℃로 낮춰 30분 **컨벡션오븐** 250℃에서 스팀 주입 후 210℃로 낮춰 25~28분

르뱅 믹싱·발효

1 볼에 물과 통밀 르뱅을 넣고 잘 푼다.

2 통밀가루를 넣고 주걱으로 충분히 잘 섞는다.

3 손으로 반죽을 치대거나(소량일 경우) 저속 3분, 중속 2분 동안 믹싱한 다음 26℃ 실온에서 12~16시간 동안 발효시킨다.

본반죽 믹싱

1 본반죽 재료를 준비한다.

2 믹서볼에 소금, 오트밀 탕종 반죽*을 제외한 모든 재료를 넣고 저속 5분, 중속 1분 동안 믹싱한다.

tip 오트밀을 호화시킨 탕종을 넣으면 빵의 푸석함이 덜하고 촉촉함이 오래 간다.

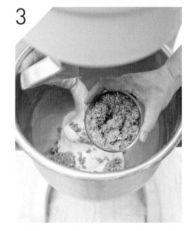

3 소금을 넣고 중속 2분, 오트밀 탕종 반죽을 넣고 4분 동안 믹싱한다(반죽 온도 23~25℃).

*

오트밀 탕종 만들기

1 오트밀을 프라이팬이나 오븐을 이용해 갈색이 될 때까지 볶거나 굽는다.

2 냄비에 구운 오트밀과 물을 넣고 80~85℃에서 주걱으로 저으면서 250g으로 졸아들 때까지 끓인 다음 냉장고에서 하루 동안 숙성시켜 사용한다.

1차 발효·폴딩

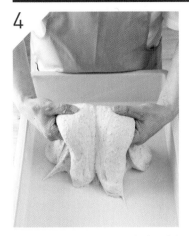

4

26~27℃ 실온에서 60분 동안 발효시킨 다음 반죽의 아래, 양옆을 가운데로 접으면서 폴딩한다.

tip

④의 과정을 한 번 더 반복한 다음 90~120분 동안 발효시킨다.

5

1차 발효가 완료된 반죽 상태

분할

6

460g씩 5개로 분할한다.

7

가볍게 둥글려 표면을 매끈하게 만든다.

8

실온에서 30분 동안 중간 발효시킨다.

중간 발효가 완료된 반죽 상태

9

반죽을 가볍게 눌러 펴고 양옆 반죽을 가운데로 머리를 땋듯이 땋아준다.

10

위에서 아래로 반죽을 말아준 다음 럭비공 모양으로 성형한다.

11

붓으로 윗면에 물을 바른다.

12

물을 바른 윗면을 오트밀(분량 외) 위에 굴려가며 듬뿍 묻힌다.

13

이음매가 위를 향하도록 반느통에 넣고 25℃ 실온에서 30~60분 발효시킨 다음 다시 3℃ 냉장고에서 12~16시간 동안 2차 발효시킨다.

tip

2차 발효가 완료된 반죽 상태

14

베이킹 시트 위에 간격을 두고 반죽을 엎어 올린다.

15

가운데 한줄로 칼집을 넣고 윗불 250℃, 아랫불 250℃ 데크오븐에 반죽을 넣고 스팀 5초 주입 후 아랫불을 210℃로 낮춰 30분 또는 250℃ 컨벡션오븐에 반죽을 넣고 스팀 5초 주입 후 210℃로 낮춰 25~28분 동안 굽는다.

실전 활용도 100퍼센트

천연발효 베이킹

저　자 ㅣ 홍상기
발행인 ㅣ 장상원
편집인 ㅣ 이명원

초판 1쇄 ㅣ 2020년 12월 1일
　　2쇄 ㅣ 2021년 6월 1일
　　3쇄 ㅣ 2023년 9월 25일

발행처 ㅣ (주)비앤씨월드 출판등록 1994.1.21 제 16-818호
주　소 ㅣ 서울특별시 강남구 선릉로 132길 3-6 서원빌딩 3층
전　화 ㅣ (02)547-5233　팩스 ㅣ (02)549-5235　홈페이지 ㅣ www.bncworld.co.kr
블로그 ㅣ http://blog.naver.com/bncbookcafe　인스타그램 ㅣ www.instagram.com/bncworld_books
사　진 ㅣ 이재희

ISBN ㅣ 979-11-86519-39-4 13590

이 도서의 국립중앙도서관 출판예정도서목록(CIP)은 서지정보유통지원시스템 홈페이지(http://seoji.nl.go.kr)와
국가자료종합목록 구축시스템(http://kolis-net.nl.go.kr)에서 이용하실 수 있습니다. (CIP제어번호 : CIP2020049155)